Barbara Welter-Böller
Claudia Weingand

EINMAL ÜBERBAUT, IMMER ÜBERBAUT?

Exterieuranalyse und Tipps zum Pferdetraining

Müller Rüschlikon

Einbandgestaltung: R2 I Ravenstein, Verden

Titelfoto: Rolf Kosecki

Bildnachweis:
Lena Engelke: S. 154, 155, 156, 157; Jens Kerick: S. 150, 151, 152, 153; Rolf Kosecki: S. 15, 19, 20, 23, 28, 30, 31, 32 unten, 33, 36, 39, 46, 69, 96, 120, 121, 122, 126, 131, 133, 135, 138, 139, 142; Britta Mauser: S. 6,9, 10, 11, 12, 17, 26, 48, 54, 64, 65, 67, 71, 75, 76, 77, 78, 79, 80, 88, 92, 98, 99, 103, 106, 108, 118, 124, 129, 140, 148, 170, 173; Lina Peuckert: S. 38, 40, 73, 119, 122; Privat: S. 35, 50, 57, 81, 82, 86, 89 oben; Regina Rickenbach: S. 32 oben; Phillip Weingand: S. 66, 84, 91, 112, 126;

Grafiken:
Fachschule für osteopathische Pferdetherapie, ravenstein2

ISBN 978-3-275-02151-2

Postfach 103743, 70032 Stuttgart
Ein Unternehmen der Paul Pietsch Verlage GmbH & Co. KG

4. Auflage 2022

Sie finden uns im Internet unter www.mueller-rueschlikon-verlag.de

Lektorat: Claudia König, Claudia Weingand
Innengestaltung: R2 I Ravenstein, Verden
Druck und Bindung: Graspo CZ, 76302 Zlin
Printed in Czech Republic

INHALT

Übersicht:

VORWORT

Jedes Pferd hat seine eigene Geschichte: Vielleicht wird es zur Zucht eingesetzt, ist geliebter Freizeitpartner, erfolgreich im Sport oder es zieht Touristen durch die Landschaft. Besitzer setzen Hoffnungen in das Pferd, kümmern sich um es und reiten es mehr oder weniger gut. Im Laufe seines Lebens hat ein Pferd Sternstunden, erleidet aber auch mal Verletzungen oder Krankheiten.

Besitzer erzählen gern die Lebensgeschichte ihres Pferdes. Für uns als Osteopathen ist das wichtig um einen guten Befund und somit eine erfolgreiche Behandlung gewährleisten zu können. Noch wichtiger als die Schilderung des Besitzers ist aber, was das Verhalten und was der Körper des Pferdes uns erzählen. Das Äußere des Pferdes, das Exterieur, gibt uns wichtige Hinweise über Training, Fütterung und Equipment. Mit wenigen geschulten Blicken kann man erkennen, ob der Sattel passt, ob das Pferd Schmerzen kompensiert, die durch einseitiges Training verursacht werden, ob es angemessen bewegt wird oder gar optimal trainiert ist. Jeder Muskelfaserriss erzählt Geschichten über alte Überlastungen oder Verletzungen, die Rückenform kann schon einen Hinweis darauf geben, ob das Pferd mehr Trabarbeit bräuchte, der Hals gibt Informationen über die Psyche des Pferdes und bereits die Bemuskelung der Vorderbeine kann einen Hinweis darauf geben, ob der Reiter Wert auf Geraderichtung legt.

Das Exterieur eines Pferdes ist also viel mehr als die Summe seiner Gene. Natürlich sieht ein Trakehner anders aus als ein Shetlandpony. Und natürlich zeigt das Exterieur, für welche Art von Einsatz sich das Pferd eignet. Es gibt aber auch Hinweise darauf, wie das Pferd bisher gelebt hat, welches Training dem Pferd aktuell guttut oder schadet oder ob Probleme im Busch sind.

In diesem etwas anderen Exterieurbuch schulen wir Ihren Blick für die Details, die vielen Reitern verborgen bleiben. Wir stellen die Frage nach dem »Warum« und erläutern, was bestimmte körperliche Eigenschaften verraten. Dafür ist anatomisches Basiswissen nötig, deshalb kommen wir nicht ganz um lateinische Begriffe herum. Es lohnt sich, sich damit zu befassen: Wenn Sie diese Grundlagen einmal verstanden haben, tun sich faszinierende Zusammenhänge auf. Auf der Basis von Anatomie und Trainingslehre geben wir schließlich Tipps für die Trainingspraxis bei bestimmten Gebäudemerkmalen.

Die Autorinnen Claudia Weingand und Barbara Welter-Böller mit Friesenstute Milana.

VERERBT ODER VERÄNDERBAR?

Wir gehen natürlich davon aus, dass die Genetik bestimmte Exterieurmerkmale vorgibt. Ein Schwarzwälder Fuchs kann auch mit Distanztraining nicht zum Araber werden. Das ist auch nicht Sinn der Sache, denn jede Pferderasse hat Eigenschaften, die ihrem ursprünglichen Einsatzzweck oder Lebensraum entsprechen. In einem bestimmten Rahmen lässt sich das Äußere eines Pferdes aber durchaus verändern. Durch ausreichendes (Trab-)training kann jedes Pferd einige Zentimeter wachsen – warum, lesen Sie im Kapitel über die Rückenformen. Insbesondere die Bemuskelung lässt sich durch Training verändern. Und da der Zug der Muskeln die Gelenkstellung und in kleinem Rahmen auch die Form der Knochen verändern kann, muss eine »steile Schulter« oder ein »gerades Sprunggelenk« im Laufe des Pferdelebens nicht steil oder gerade bleiben.

EXTERIEURBEURTEILUNG

Offen oder geschlossen aufstellen?

In diesem Buch beurteilen wir das Exterieur geschlossen aufgestellter Pferde. Das hat folgenden Hintergrund: Stellt man ein Pferd offen auf, ist kaum zu beurteilen, ob ein Pferd vorn rückständig oder rückbiegig ist, hinten unterständig oder rückständig und ob es zum Beispiel eine beginnende Stützbeinproblematik kompensiert. Beim offen aufgestellten Pferd ist praktisch immer ein Vorderbein rückständig. Auch wird das herausgestellte Hinterbein immer etwas entlastet. Ist das Pferd geschlossen aufgestellt, hebt aber auf jedem Bild den hinteren rechten Fesselkopf etwas hoch, kann man von einer Kompensationshaltung hinten rechts ausgehen. Auch die Kruppenform lässt sich nur beim geschlossen aufgestellten Pferd gut beurteilen. Steht ein Bein hinten heraus, ist die Kruppe immer etwas gerader als auf der Seite, auf der das Bein unter dem Becken positioniert ist.

Umgebung, Wetter, Halshaltung

Sicher kennen Sie »Vorher/Nachher«-Bilder aus Onlineforen. Pferdebesitzer möchten gern zeigen, wie gut sich ihre Pferde durch ihr Training entwickelt haben. Natürlich stimmt das in manchen Fällen erkennbar. Häufig unterscheiden sich die Bilder aber weniger in der tatsächlichen Bemuskelung des Pferdes als in der Art wie das Pferd aufgestellt wurde. Ein entspanntes Pferd in gutem Futterzustand in der

Nicht immer sind die Gene für Exerieurmerkmale verantwortlich – auch das Training hat entscheidenden Einfluss auf das äußere Erscheinungsbild des Pferdes.

Unebener Boden, offene Mähne, offen aufgestellt – so lässt sich das Exterieur eines Pferdes nicht seriös beurteilen.

Sommersonne sieht immer besser aus als ein frierendes, vielleicht sogar schlechter ernährtes Pferd im Winterfell, das sich gerade aufregt. Und das, obwohl sich trainingstechnisch rein gar nichts verändert hat.

Wenn Sie Ihr Pferd beurteilen wollen oder zur Beurteilung fotografieren wollen, wählen Sie einen Standort mit absolut ebenem Boden. Idealerweise flechten Sie Mähne und Schweif ein, um die Bemuskelung Ihres Pferdes optimal sehen zu können.

Auch Wetter und Psyche spielen eine Rolle bei der Exterieurbeurteilung. Wenn es sehr kalt ist, verschlechtert sich die Rückenlinie der meisten Pferde, weil das Fasziengewebe in der Sattellage sich zusammenzieht. Aufregung hat denselben Effekt, weil das Pferd die Muskeln der Rückenstreckerkette anspannt, also den Rücken wegdrückt. Ein aufgeregtes Pferd wird immer mehr »Unterhals« zeigen als ein entspanntes. Am besten ist, Ihr völlig entspanntes Pferd auf einer von ihm selbst gewählten, mittleren Halshöhe zu beurteilen.

EIN KALTBLUT IST KEIN ARABER

Exterieur verschiedener Pferdetypen

»FORM FOLLOWS FUNCTION«
Was das Exterieur beeinflusst

»Die Funktion bestimmt die Struktur.« Dieser Satz von Andrew Taylor Still (1828–1917), dem Begründer der Osteopathie, ist das Fundament der Exterieurbeurteilung des Pferdes. In der Zucht bestimmt das Zuchtziel das Äußere des Pferdes. Wenn eine Rasse (wie beispielsweise das Islandpferd) sich in einer bestimmten Region entwickelt hat, bestimmen auch geografische Lage und Boden- sowie Klimaverhältnisse den Körperbau der dort ansässigen Pferde. Aber auch innerhalb einer Rasse gibt es individuelle Abweichungen und davon unabhängig bestimmt außerdem das individuelle Training das Erscheinungsbild.

Als Beispiel betrachten wir die Rasse des Hannoveraners, bei der es durch die große Zahl der Pferde keinen ganz einheitlichen Typ gibt. 1974 lautete das vage formulierte Zuchtziel: *»Ein für alle Zwecke geeignetes, edles, großrahmiges Warmblutpferd mit gutem Temperament und Charakter«*. 1993 wurde das Programm der Hannoveraner Springpferdezucht ins Leben gerufen. In seinem Artikel über die aktuelle, moderne Zuchtstrategie, erschienen in der Zeitschrift *Der Hannoveraner* 3/10, erläutert Dr. Ludwig Christmann die neuen Leitlinien zur »Schwerpunktveranlagung«, die die strategische Ausrichtung für die Zucht von Dressur-, Spring- und Vielseitigkeitspferden beschreibt. *»Die Notwendigkeit, in der Sportpferdezucht Schwerpunkte hinsichtlich der Veranlagung zu setzen, also zu spezialisieren, ist mittlerweile unumstritten.«* (L .Christmann, Der Hannoveraner, 3/10). So lautet nun das Hannoveraner Zuchtziel:

- *»Gezüchtet wird der Hannoveraner als Rasse mit besonderer Eignung für den Reitsport. Es werden Pferde angestrebt, die auf Grund ihrer inneren Eigenschaften, der Rittigkeit, ihres äußeren Erscheinungsbildes, des Bewegungsablaufs, der Springveranlagung und der Gesundheit ideale Leistung- und Freizeitpferde sind.*

Rennpferd »Eclipse« – ein historisches Beispiel für einen linearen Pferdetyp. (Gemälde: George Stubbs, gemeinfrei)

- *Auf dieser Grundlage wird die Zucht von Pferden mit einer Schwerpunktveranlagung für eine der Disziplinen Dressur, Springen oder Vielseitigkeit angestrebt.*
- *Mit den oben genannten Eigenschaften wird auch die Zucht von Pferden angestrebt, die außerdem Qualitäten für den Fahrsport haben.*
- *Dieses Zuchtziel bietet darüber hinaus jedem einzelnen Züchter genügend Spielraum seine eigenen Vorstellungen umzusetzen.«*

Es gibt also nicht mehr *den* Hannoveraner, den kräftigen Fuchs oder Braunen, sondern eine breite Typenpalette mit unterschiedlichem Exterieur und dadurch verschiedenen Begabungen.

Dieses Beispiel zeigt, dass man die Einschätzung eines Pferdes nicht mehr unbedingt nur von der Rasse abhängig machen kann, sondern zur Beurteilung eines Pferdes noch andere Aspekte zur Hilfe nehmen sollte.

DER LINEARE TYP

Die Einteilung in den lateralen und linearen Typ lässt sich sehr gut aus der Hundebeurteilung übernehmen, die durch ihre enorme Exterieur- und Nutzungsvielfalt sinnvolle Einteilungskriterien geschaffen hat. Wir beginnen mit dem linearen Typ. Bei den Hunden entspräche der Windhund dieser Form, bei den Pferden ist sie durch den Vollblüter vertreten. Man kann den linearen Typ auch als Galoppform definieren. Ein im linearen Typ stehendes Pferd hat ein langrechteckiges Format, steht schmal (bodeneng) und besitzt lange Röhren und eine lange Fesselung. Es hat eine trockene Textur, einen langen geraden Hals, einen geraden Rücken mit guter Bauchmuskulatur und eine leicht schräge Kruppe.

Seine Spezialität ist der Renngalopp, in dem die Hangbeinphasen durch die veränderte Fußung gegenüber den Stützbeinphasen erheblich verlängert sind, wodurch das Pferd im Galopp einen hohen Raumgewinn hat.

Wie kommt es zu dieser trockenen Textur und den hohen Geschwindigkeiten? Hier müssen wir einen Ausflug zu einem wiederentdeckten Gewebe unternehmen, das immer mehr in der den Mittelpunkt der Mediziner und auch

Trainer rückt und die Klassifizierung in Voll-, Warm- und Kaltblut in einem anderen Licht erscheinen lässt: Die Faszien, das Bindegewebe.

Erstaunlicherweise hatte der Begründer der Osteopathie und fantastische Anatom Andrew Taylor Still (1828-1917) ihre enorme Bedeutung schon Ende des achtzehnten Jahrhunderts erkannt: *»Die Faszien kommen überall im Menschen vor und geben der heutigen Welt ein großes Problem auf, das es zu lösen gilt«*, Andrew Taylor Still 1902. Jetzt ist auf einmal ein richtiger Faszienhype entstanden. In der Medizin und auch im Sport wird die Bedeutung des Fasziennetzes im Körper immer klarer und auch für die Klassifizierung, die Ausbildung und das Training des Pferdes sind die Faszien von Bedeutung.

Faszien und Muskeln

Was sind Faszien?

Das deutsche Synonym für »Faszien« ist das Wort Bindegewebe. In diesem Wort liegt schon seine Bedeutung: Es ist ein Gewebe, das alles mit allem verbindet. In der Embryonalentwicklung entstehen alle Faszien aus dem dritten Keimblatt und bilden ein kontinuierliches Netz, das den Körper durchzieht. Daraus ergibt sich, dass, wenn eine Faszie irgendwo im Körper gestört ist, sich dies auf die gesamte Statik und das Leistungsvermögen des Pferdes auswirken kann.

Energieeffizienz durch Faszienketten

Auf dem International Fascia Research Congress 2007 in Boston wurde der Begriff Faszie erörtert und neu definiert

Eine fasziale Restriktion hat Auswirkungen auf das gesamte Faszienkontinuum des Körpers.

als *»alle faserigen Bindegewebsstrukturen, die den Gesamtkörper als ein kontinuierliches Netzwerk durchdringen, umhüllen und strukturieren.«* Zu den Faszien gehören nach dieser Deutung alle elastischen faserigen und kollagenen Bindegewebe wie die Gelenkkapseln, Muskelhüllen, Bänder und Sehnen. Aber auch die eigentlichen, bis jetzt als Bindegewebe bezeichneten, großen, festen und flächigen Faszien, die dem Körper Halt geben und der Muskulatur als Ansatz dienen, gehören dazu.

Die Funktion der Faszien ist die Formgebung und Stabilisierung des Körpers, ohne dass er seine Mobilität verliert. Die Nutzung des Fasziennetzes ist eine äußerst ökonomische Art, dem Körper Halt zu geben, ohne zu viel energieverbrauchende Muskelkraft einzusetzen. Das Fasziennetz steht konstant unter Spannung. Damit der Körper aber beweglich und geschmeidig sein kann, müssen die Faszien und somit die sie umgebenden Strukturen gut und im richtigen Maß gegeneinander, nicht zu viele, aber auch nicht zu wenig, verschieblich sein. Eine Faszienverklebung liegt dann vor, wenn die Faszie oder Teile der Faszie nicht mehr gegen das Kontaktgewebe verschieblich sind. Dann ist die Beweglichkeit in diesem Bereich eingeschränkt, was zu Bewegungseinschränkungen bis hin zu Sehnen- und Bänderverletzungen und Muskelverletzungen des Pferdes führen kann.

Spannungsveränderungen in den Faszien

Der deutsche Faszienforscher Doktor Robert Schleip entdeckte in den Faszien kleine glatte Muskelzellen wie sie auch in den Hohlorganen und Blutgefäßen vorkommen, die sogenannten Myofibroblasten. Sie werden durch das autonome (unwillkürliche) Nervensystem gesteuert.

Schleip fand einen Zusammenhang zwischen der Innervation der Myofibroblasten in den Faszien und dem Sympathikus, dem Teil des vegetativen Nervensystems, der den Körper in eine erhöhte Leistungsbereitschaft versetzt. Wenn die Spannung des Sympathikus durch Stress, Angst oder Schmerz hoch ist, verspannen sich die Faszien durch ein stärkeres Zusammenziehen dieser glatten Muskelzellen. Das hat vielleicht schon jeder selbst mal gespürt. Wenn man im Stress ist, fühlen sich die Muskeln, besonders die Nacken- und Rückenmuskeln, verspannt und verkürzt an. Scheinbar entstehen diese Verspannungen aber gar nicht im Muskelgewebe selbst, sondern in den die Muskeln umhüllenden Faszien. Da aber auch Gelenkkapseln, Bänder und vor allem Sehnen zu den Faszien gehören, ist es erklärbar, dass es in dieser Situation zu Steifigkeiten in den Gelenken bis zu Bänder- und Sehnenverletzungen kommen kann. Ein losgelassenes Pferd bewegt sich geschmeidiger und weicher als ein verspanntes Pferd.

Ein Axthieb ist normal für ein Pferd mit viel Faszienspannung.

Für Reiter, Trainer und Züchter sind die Faszienspannung des Pferdes und der sogenannte Katapulteffek zum Einschätzen des Leistungsvermögens des Pferdes interessant. Gehen wir nach unserem Faszienexkurs zurück zum linearen Typ, dem Vollblüter. Er zeichnet sich durch eine trockene Textur mit einer gut ausgebildeten, aber nicht überladenen, Muskulatur aus. Dieses »trockene« Exterieur weist auf eine starke Faszienspannung hin.

Oft sieht man als weiteres Anzeichen einen Axthieb, der auf eine erhöhte Spannung der Widerristbinde, einer starken Faszie des Rumpftrageapparates, hinweist.

Die starke Faszienspannung macht das Pferd zu einem energieeffizienten Athleten, der über Ausdauer und Schnellkraft verfügt. Die langen Röhren und die langen Fesselungen des Vollblüters ermöglichen den Beugesehnen und dem Fesselträger einen großen Katapulteffekt. Als Katapulteffekt bezeichneten die Forscher Kam und Dawson 1998 den Sprungfedermechanismus, den sie bei Kängurus und Antilopen untersuchten. Sie stellten fest, dass diese Tiere höher springen konnten als die Summe ihrer Muskelkraft es zulässt. Sie entdeckten eine hoch energieeffiziente Bewegungsspeicherung in den Sehnen.

Beim Strecken der Fesselgelenke (Fesselkopf sinkt) speichern sie Energie und federn elastisch, ohne Energieverbrauch, zurück. Dieser Vorgang wird als Dehnungs-Verkürzungs-Zyklus bezeichnet. Mithilfe dieses Mechanismus kann sich das Pferd rhythmisch über lange Strecken ökonomisch bewegen. Die frühere Lehrmeinung, dass eine Bewegung nur durch Muskelkontraktionen entsteht, ist revidiert. Bei einer rhythmischen Bewegung wird nur die erste Bewegung durch die Kontraktion des entsprechenden Muskels initiiert, dann übernehmen die Sehnen durch ihr Federn die weiteren Bewegungen und der Muskel hält nur die erforderliche Grundspannung. Dadurch ist auch erklärbar, dass die Muskeln der Beugesehnen der Pferde im Verhältnis zu ihrer Leistungsfähigkeit recht klein und schmal sind. Im schwunglosen Schritt mit seiner Zwei- und Dreibeinstütze federt das Pferd wenig in den Fesselgelenken. Das ändert sich im Trab durch die diagonalen Zweibeinstützen aus der Schwebephase. Das Durchtreten der Fesselköpfe wird verstärkt und damit die gespeicherte Bewegungsenergie. Die Bewegung wird schwungvoll. Im Galopp tritt das Pferd die Fesselgelenke durch das Landen in der Einbeinstützen aus der Schwebephase noch stärker durch und das Pferd wird von seinen Sehnen »davon getragen« – ein kluger Beschleunigungsmechanismus für ein Fluchttier.

Beim Menschen fand man heraus, dass die Länge der Achillessehne ausschlaggebend für die Sprungkraft, zum Beispiel im Hochsprung, oder für die Laufleistung der Langstreckenläufer entscheidend ist. Hochspringer oder Marathonläufer unterscheiden sich von der Konstitution entscheidend von einem Kugelstoßer oder Gewichtheber. Übertragen auf das Pferd kann man von einem Pferd mit trockener Textur, mit langen Röhren und langer Fesselung Ausdauerleistung, Schnell- und Sprungkraft erwarten. Im Galopp, vor allem im Renngalopp, kommt der Dehnungs-Verkürzungs-Zyklus über die großen Rumpffaszien zum Tragen.

In der Schwebephase mit aufgewölbtem Rücken wird die Rückenlendenbinde gedehnt und streckt daraufhin den Rumpf, was zu einer Dehnung der Bauchfaszie führt. Diese reagiert wiederum mit einer Verkürzung und daraus folgend kommt es zur Dehnung der Rückenlendenbinde.

DER LATERALE TYP

Im Gegensatz hierzu steht der laterale Typ des Kraftpferdes, auch als Schrittform bezeichnet. Bei den Hunden gehört dazu zum Beispiel die englische Bulldogge, bei den Pferden der Kaltblüter. Bei ihm steht die Muskelkraft im Vordergrund, die heutzutage weniger im landwirtschaftlichen Einsatz als vielmehr auf Zugleistungsprüfungen abgefragt wird. Der laterale Typ steht bodenweit, hat eine beladene Textur

Dieser Hannoveraner steht im linearen Typ.

Hannoveraner vom älteren Schlag, eher im lateralen Typ stehend.

Dieser Murgese steht eher im lateralen Typ.

Dieser Spanier steht im linearen Typ, ...

... dieser eher im lateralen.

Freiberger stehen generell eher im lateralen Typ, natürlich gibt es auch hier individuelle Unterschiede.

mit dickem *M. glutaeus medius* (Kruppenmuskel) und herzförmiger Kruppe, kurze und starke Röhren sowie eine kurze Fesselung. Mehr Muskelmasse bedeutet mehr Energieverbrauch.

Deshalb hat er eine eingeschränktere Ausdauer und anaerobe Kapazität und durch die kurze stabile Fesselung einen geringen Katapulteffekt. Man findet ihn weder im Springsport noch auf langen Distanzen. Seine bevorzugte Gangart ist der Schritt.

DER MISCHTYP

Das Warmblut ist das Pferd zwischen den Extremen, bei den Hunden spricht man von der Trabform. Das Warmblut hat von allem etwas, allerdings oft mit einer Ausprägung nach linear (Springpferde, Distanz- und Vielseitigkeitspferde) oder nach lateral (Fahrpferde, bestimmte Dressurzuchtlinien, barocke Pferde).

DORSALE UND VENTRALE MUSKELKETTE

Ein weiteres wichtiges Exterieur- und Beurteilungsmerkmal ist der Muskeltonus, also die Spannungsverteilung in den Muskelketten. Muskeln arbeiten nie isoliert, sondern immer synergistisch in Muskelketten, die über Faszienzüge miteinander verbunden sind, um eine bestmögliche Wirkung zu erzielen. Wenn Sie sich z.B. auf die Zehenspitzen stellen, werden Sie die Muskelanspannung nicht nur in der Fußsohle, sondern bis zu Ihrem Gesäßmuskel spüren.

Beim Pferd gibt es die Streckerkette, die sogenannte dorsale Kette oder Oberlinie. Das sind alle Muskeln, die vom Kopf an die gesamte Wirbelsäule strecken. Diese Muskeln liegen alle oberhalb der Wirbelsäule. Deren Gegenspieler ist die Beugerkette, die sogenannte ventrale Kette oder Unterlinie. Alle diese Muskeln krümmen oder beugen die Wirbelsäule, am Kopf beginnend, und liegen unterhalb der Wirbelsäule.

Zur Beurteilung der Dominanz des Muskeltonus in der dorsalen oder ventralen Kette ist ein entscheidendes Merkmal die Halsform oder Halshaltung. Bei den linearen Pferden überwiegt der Tonus der Oberlinie. Sie wurden gezüchtet, um schnell oder wenig verbrauchend Distanzen zurückzulegen mit bodendeckenden Gangarten. Ihr Hals ist wie bei einem Rennpferd eher gerade. Wenn sie ihn im Gehen nach vorne strecken, folgen die Vorderbeine auch weit nach vorn, um den durch den langen Hals nach vorn verlegten Schwerpunkt zu unterstützen.

Vereinfacht kann man sagen: Ein langer gerader Hals und ein langes gerades Vorderbein mit großer Bewegungsamplitude und geringer Bewegungsfrequenz gehen miteinander einher. Reiterlich bedeutet die dominante Oberlinie, dass

DORSALE KETTE

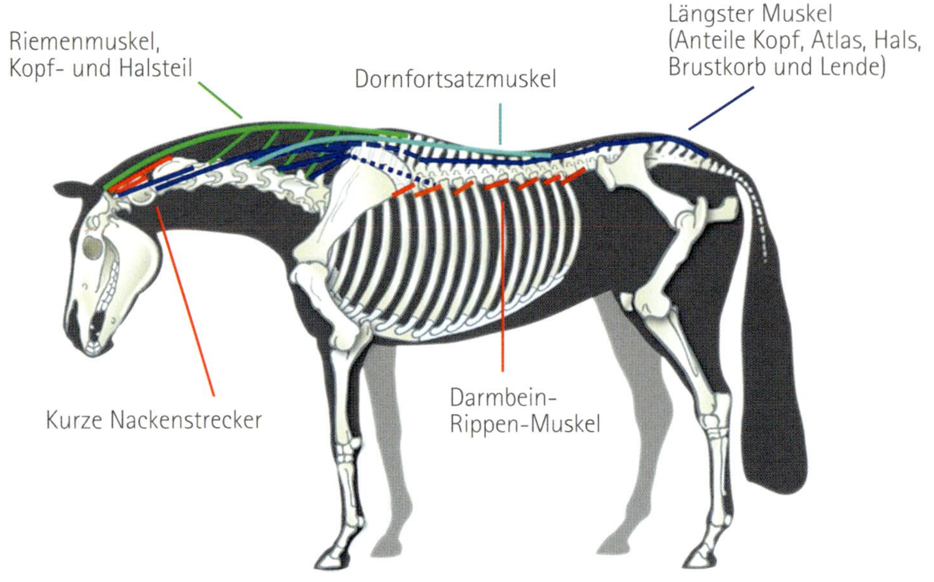

VENTRALE KETTE

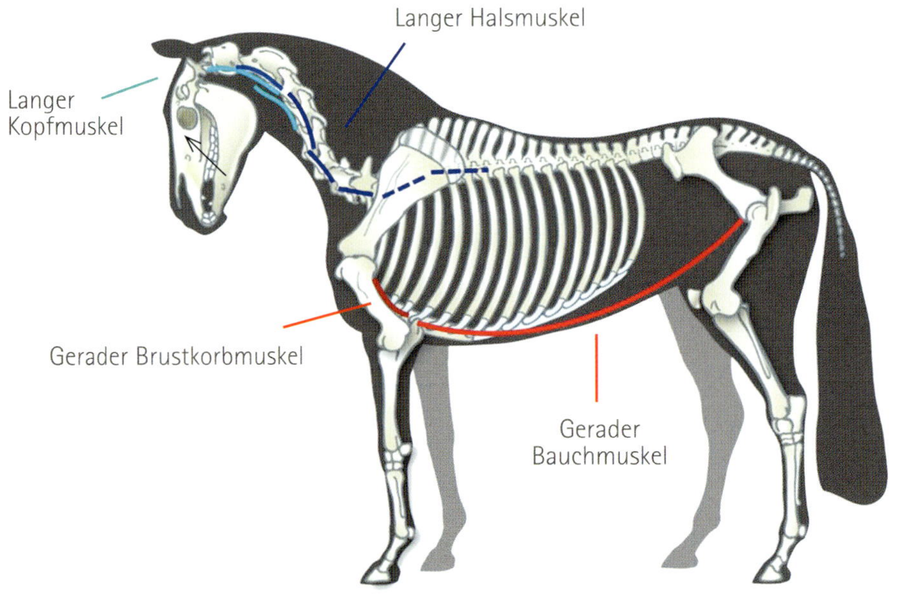

Die dorsale Muskelkette streckt die Oberlinie, die ventrale ist ihr Gegenspieler und beugt die Wirbelsäule.

Dieses Welshpony besitzt eine dominante dorsale Muskelkette.

es sich um ein gutes Reitpferd für Distanzen eignet, für das man aber Zeit und Können braucht, um es zu versammeln, wendig zu machen und in hohen Dressurlektionen schadensfrei vorzustellen.

Anders ist es bei den Pferden, deren Unterlinie einen dominanten Muskeltonus besitzt. Sie tragen den Hals mit mehr Aufrichtung, womit sich die Vorhandaktion ändert. Um die Beine unter dem eher nach hinten verlegten Schwerpunkt zu halten, gehen diese Pferde mit »Knieaktion«, das heißt sie strecken das Vorderbein in der Vorführphase aus dem Vorderfußwurzelgelenk (Karpalgelenk) nicht gerade nach vorn. Sie laufen mit weniger Raumgewinn, dafür mit höherer Frequenz. Diese Pferde sind leichter zu versammeln, haben eine hohe Wendigkeit, zeigen aber Schwächen in den Verstärkungen und sind im höheren Distanzsport eher nicht zu finden.

Zwischen diesen beiden Extremen gibt es viele Mischtypen mit der Tendenz zu der einen oder anderen Seite. Durch Training sind die Muskeltoni und damit die Haltung und Bewegung des Pferdes bis zu einer gewissen Grenze veränderbar.

EXTERIEUR UNTERM MIKROSKOP: Muskeln, Muskelfasertypen und Leistung

Um zu verstehen, warum sich die Leistungsfähigkeit von verschiedenen Pferden unterscheidet, werfen wir an dieser Stelle einen genaueren Blick auf die Muskulatur. Muskeln bewirken Bewegung, indem sie sich zusammenziehen (kontrahieren) können, dehnbar und elastisch sind. Unterschieden werden drei Arten von Muskelgewebe:

- glatte Muskulatur (etwa in den Wänden von Blutgefäßen oder im

Verdauungstrakt, nicht willkürlich steuerbar).

- Skelettmuskeln (quergestreifte Muskulatur mit zylinderförmigen Zellen, willkürlich steuerbar).
- Herzmuskulatur (nicht willkürlich steuerbar, quergestreiftes Gewebe mit parallel angeordneten Zellen).

Wir konzentrieren uns auf die Skelettmuskulatur. Pferde haben über 400 Skelettmuskeln, die paarig angelegt sind: Das Pferd hat also beispielsweise einen linken und einen rechten *M. biceps brachii.* Das Muskelgewebe macht 40 bis 55 Prozent des Körpergewichts aus. Dass ein Pferd »gut bemuskelt« sein sollte, ist der Wunsch jedes Pferdebesitzers. Muskeln können aber natürlich mehr als gut aussehen: Sie ermöglichen einerseits Bewegungen und schützen andererseits das Skelett, da sie Kräfte, die auf Knochen und Gelenke einwirken, verteilen und Stöße absorbieren können. Wie genau Muskeln arbeiten können, ist in diesem Kasten zusammengefasst:

Muskelarbeitsformen

Isometrische (besser: statische) Muskelarbeit ...

... steht für konstante Muskellänge bei wechselnder Spannung. Die isometrische oder statische Muskelarbeit findet besonders in der Haltemuskulatur, in Dehnung (Exzentrik) oder im verkürzten Zustand (Konzentrik), statt. Beispiel: Das Pferd geht in Dehnungshaltung.

Isotonische (besser: dynamische) Muskelarbeit ...

... ist als Änderung der Muskellänge bei konstanter Kraft definiert. Wenn man eine Hantel stemmt, würde der Bizeps isotonisch arbeiten, weil das Gewicht der Hantel gleich bleibt. In der Realität beim Reiten ist eine konstante Kraft aber eher nicht gegeben. Es kommt bei der dynamischen Muskelarbeit zu einer Änderung von Muskeltonus und -länge. Auch die isotonische Muskelarbeit kann in Dehnung oder im verkürzten Zustand (Ursprung und Ansatz des Muskels nähern sich) stattfinden.

Auxotone Muskelarbeit ...

... entspricht der dynamischen Muskelarbeit.

Unterstützungskontraktion:

Wenn man etwas Schweres anheben möchte, wird man die Muskulatur isometrisch »vorspannen« und den Gegenstand heben (dynamische Muskelarbeit).

Anschlagskontraktion:

Eine Anschlagskontraktion ist, wenn eine auxotone Kontraktion in einer isometrischen Kontraktion endet. Das passiert etwa, wenn das Pferd gegen den Zügel geht: Eine durchhaltende Hand oder ein Ausbindezügel verursachen zum Beispiel Anschlagskontraktionen.

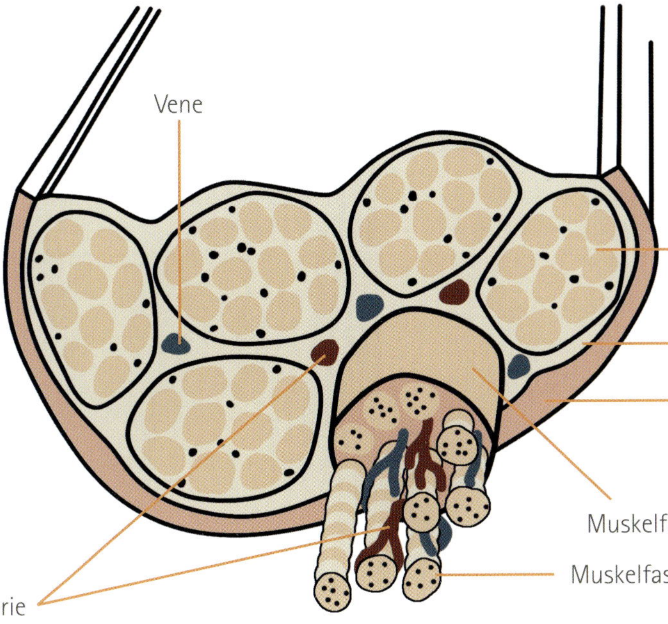

Aufbau eines Muskels. (Grafik: ravenstein2)

Anatomischer und histologischer Aufbau

Jeder Muskel wird von einer Bindegewebshülle umgeben, dem *Epimysium*. Dieses verbindet den Muskel mit seinen Ansatz- und Ursprungsgebieten, also z.B. Sehnen, Knochen oder anderen Muskeln. Ohne Bindegewebe gäbe es keine Kraftübertragung und somit auch keine Bewegung. Der Muskel besteht aus Muskelfaserbündeln, die auch von Bindegewebe *(Perimysium)* umhüllt werden. Durch das Perimysium verlaufen unter anderem Blutgefäße und Nerven zu den Muskelzellen (Muskelfasern). Wie gut die einzelnen Muskelfasern versorgt werden, lässt sich durch Training ändern. Das Faserbündel besteht aus mehreren Muskelfasern. Diese werden vom sogenannten *Endomysium*, einer feinen Bindegewebsschicht, umgeben.

Legt man eine Muskelfaser unters Mikroskop, wird die typische Querstreifung sichtbar, die durch dunklere und hellere Streifen entsteht. Deshalb spricht man von quergestreifter Muskulatur.

Muskelfasertypen

Wie viele Muskelfasern ein bestimmter Muskel hat, ist genetisch bedingt. Auch ist Muskelfaser nicht gleich Muskelfaser: Vereinfacht unterscheidet man drei Muskelfasertypen: I, IIA und IIB (auch IIX) genannt. Typ-I-Fasern werden auch als »Slow-twitch-fibres« (langsam zuckende Muskelfasern) und Typ-II-Fasern als »Fast-twitch-fibres« (schnell zuckende Muskelfasern) bezeichnet.

Quarter Horses wie diese junge Stute haben einen geringen Anteil an ausdauernden, langsam ermüdenden Typ-I-Muskelfasern.

Typ-I-Fasern:
- Kontrahieren langsam.
- Ermüden langsam.
- Niedrige Kraftentwicklung.
- für langsame, ausdauernde Leistung angelegt.

Typ-II-Fasern:
- Kontrahieren schnell.
- Geringes Ausdauervermögen.
- Hohe Kraftentwicklung, Schnellkraft.
- Ermüden schnell.

Typ-II-Fasern werden aber weiter unterschieden in Typ IIa (ausdauernd, ermüden langsam), Typ IIb (ermüden schnell) und Typ IIc (nicht näher definiert, da sehr selten).

Wie die Muskelfasern zusammengesetzt sind, entscheidet also darüber, ob ein Muskel sich schnell und kräftig oder langsam und weniger kräftig zusammenziehen kann. Pferderassen, die auf Schnelligkeit ausgelegt sind, wie englische Vollblüter oder Quarter Horses haben einen geringen Anteil an Typ-I-Fasern, Kaltblutrassen einen hohen. Dass ein Kaltblut weder so schnell ist wie ein Araber noch so explosiv reagieren kann wie ein Lusitano, hängt also auch von seiner genetisch festgelegten Muskelfaserverteilung ab. Auch zwischen Stuten und Hengsten derselben Rasse können die Muskelfasertypen variieren. Jede Muskelgruppe setzt sich aus verschiedenen Fasertypen zusammen und auch innerhalb derselben Rasse setzen sich verschiedene Muskelgruppen aus unterschiedlichen Fasertypen zusammen. Durch Training lässt sich der Anteil der Muskelfasern zugunsten des gewünschten Fasertyps etwas verschieben. Reitet man beispielsweise ein Quarter Horse über Wochen

Durch Training lassen sich Muskelfasertypen teilweise umwandeln:

Ausdauertraining	Vermehrung Fasertyp IIa, Verringerung IIb Vermehrung Fasertyp I und IIa
Krafttraining	Verhältnis IIa- zu IIb-Fasern steigt an bei Kraftausdauer steigt auch das Verhältnis I- zu IIa-Fasern
Schnelligkeitstraining	Vermehrung Fasertyp IIa, Abnahme IIb
Sehr intensives Training	Verringerung Typ I-Fasern

(aus: Ellendorff, Leistungstraining für das Pferd, Schlütersche 2011)

und Monate in ruhigem Tempo auf langen Distanzen, wird es mehr Typ-II-a-Fasern entwickeln.

Herzleistung

Das Herzgewicht hat nur auf den zweiten Blick mit Exterieur zu tun, aber natürlich bereits auf den ersten Blick mit der Leistungsfähigkeit von linearen und lateralen Typen. Das Herz wiegt etwas weniger als ein Prozent des Körpergewichts eines Pferdes. Englische Vollblüter haben im Verhältnis zur Gesamtkörpermasse ein relativ großes Herz, das ca. 4 bis 5 Kilogramm wiegt. Das Herz von Spitzenrennpferd Sekretariat soll sogar 10 Kilogramm gewogen haben *(vgl. Leistungstraining für das Pferd, Ellendorf)*. Im Vergleich dazu hat ein Kaltblut ein Herzgewicht von nur 2,3 bis 2,9 Kilogramm, also ein sehr kleines Herz im Verhältnis zu seiner Körpergröße. Dazu hat es deutlich mehr Muskelmasse, kann sich also in höheren Gangarten gar nicht so energiesparend fortbewegen wie ein Pferd mit langen Röhren, trockenen Beinen und damit einem ausgeprägten Katapulteffekt. Es wäre also unfair, ein schneller ermüdendes Kaltblut als »faul« zu bezeichnen, weil es nicht die Ausdauerleistung eines Warmbluts bringt.

DER KOPF

Bereits am Kopf des Pferdes lassen sich Rassemerkmale erkennen und erste Schlüsse über Equipment, bisheriges Training, natürliche Schiefe und teilweise sogar auf die Pferdepsyche ziehen.

VERÄNDERLICHE STRUKTUREN AM KOPF DES PFERDES

Wenn das Pferd rassetypisch einen Rams-, Keil- oder Hechtkopf hat, wird sich an dieser Kopfform auch durch Training natürlich nichts ändern. Einzelne Strukturen verändern sich aber durch Haltung, Zahngesundheit, Equipment, Muskelverletzungen und durch das Training. Wenn wir den Pferdkopf von vorn betrachten, kann die ungleiche Stellung der Nüstern ein Hinweis auf eine, vielleicht durch schlechte Zahnbalance, erworbene ungleiche Stellung des Zwischkieferbeins, des *Os incisivum*, sein. Wenn das Pferd es zulässt, kann man die Position des rechten und linken *Os incisivum* palpieren, indem man sanft Daumen und Zeigefinger auf den Grund der Nüstern legt und die Position beurteilt. Bei einem starken Höhenunterschied wäre eine Überprüfung durch den Pferdezahnarzt sinnvoll. Das gilt besonders, wenn das Pferd Probleme hat – etwa beim Reiten mit dem Gebiss oder beim Kauen.

Ober- und Unterkiefer

Bei einer guten Zahnokklusion sollten Ober- und Unterkiefer gerade aufeinander stehen. Das kann man an der Stellung der Oberlippe zur Unterlippe erkennen. Häufig sieht man, dass der Unterkiefer leicht zu einer Seite steht. Diese Stellung kann durch Zahnproblematiken und/oder durch einen einseitig verspannten *M. masseter* (Kaumuskel) erworben sein. Man kann die Unterkieferstellung gegen den Oberkiefer überprüfen, indem man vor dem Pferd steht und jeweils rechts und links den Zeigefinger auf die Maxilla, den Oberkiefer, anlegt und den Ringfinger auf die Mandibula, den Unterkiefer, und so ihre Position überprüft.

Wie der Mensch so hat auch das Pferd eine Lieblingskauseite. Ist diese aber so stark ausgeprägt, dass die Mandibula zu einer Seite zeigt, sollt man die Zahngesundheit und auch den *M. masseter*

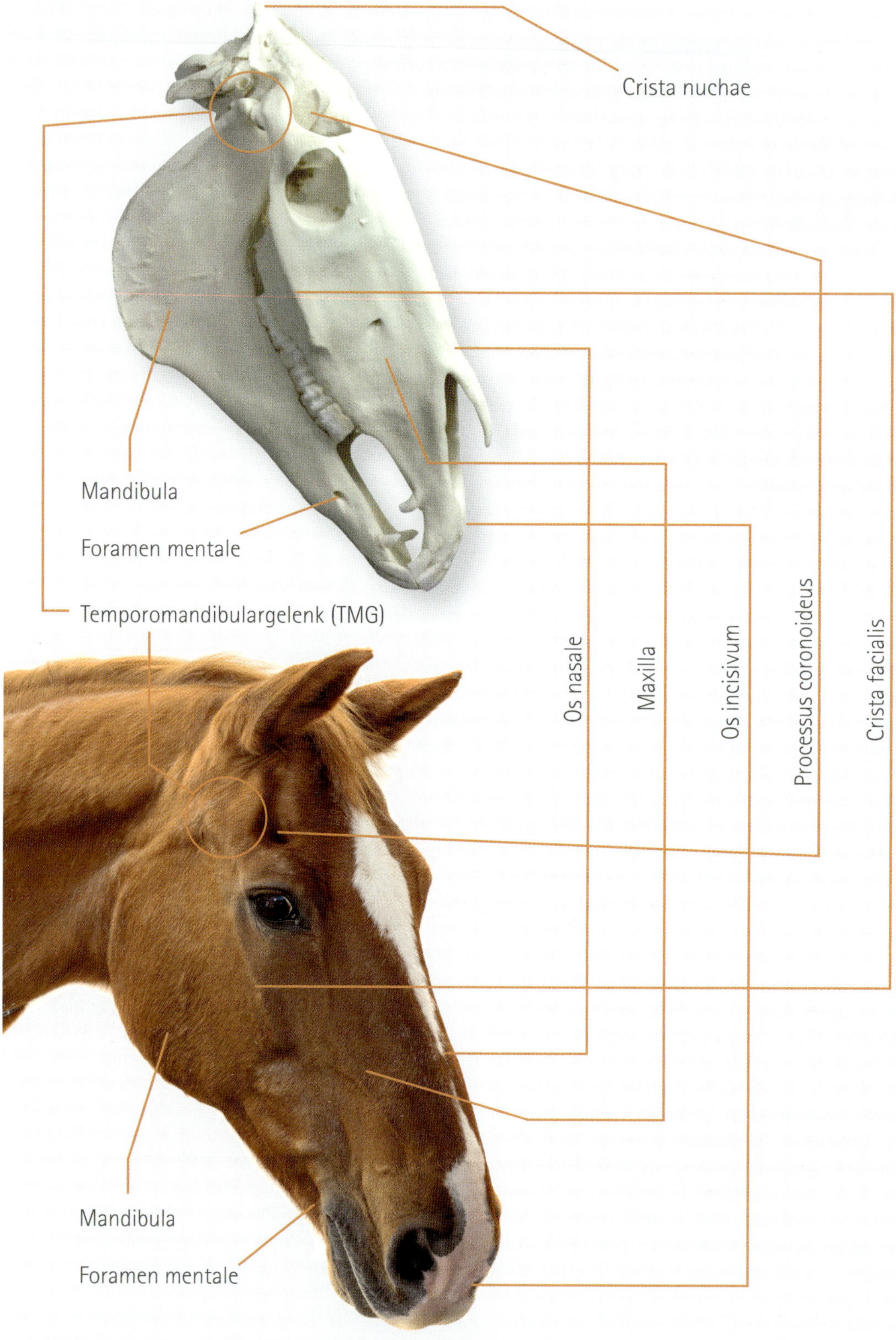
Crista nuchae
Mandibula
Foramen mentale
Temporomandibulargelenk (TMG)
Os nasale
Maxilla
Os incisivum
Processus coronoideus
Crista facialis
Mandibula
Foramen mentale

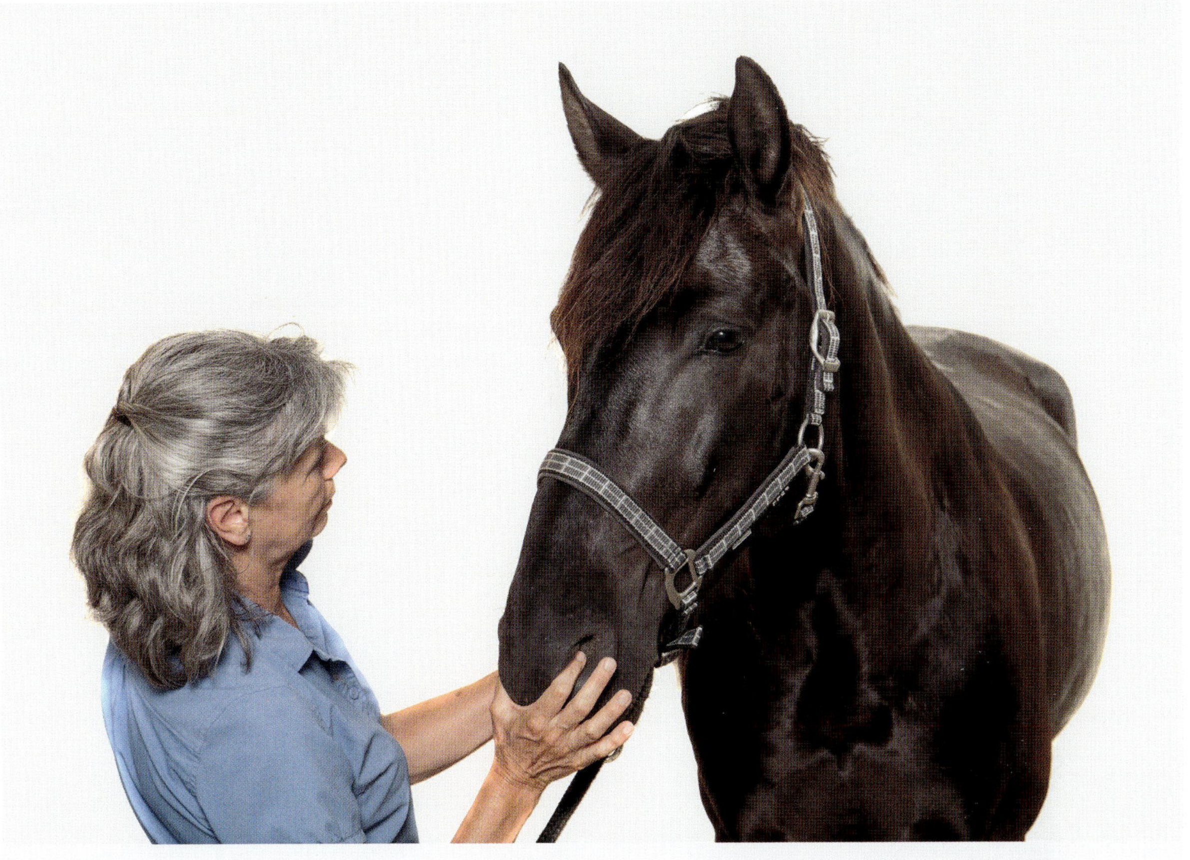

So wird das Zwischenkieferbein getestet. Steht es im Seitenvergleich sehr ungleich, ist ein Termin beim Pferdezahnarzt zu empfehlen.

überprüfen. Dieser Muskel kann durch Anschlagstraumen oder auch durch Bissverletzungen, z.B. bei Rangeleien an der Futterraufe, verletzt sein. Die Verletzung des Muskels führt auf dieser Seite zu einer Verspannung und verzieht den Unterkiefer zu dieser Seite. Reiterlich kann daraus ein Problem in der Stellung und sogar in der Längsbiegung des Halses entstehen, da das Pferd immer der Richtung des Unterkiefers folgt. Das kann man an sich selbst ausprobieren, indem man den Kiefer nach links verschiebt und den Kopf einmal nach links und einmal nach rechts dreht.

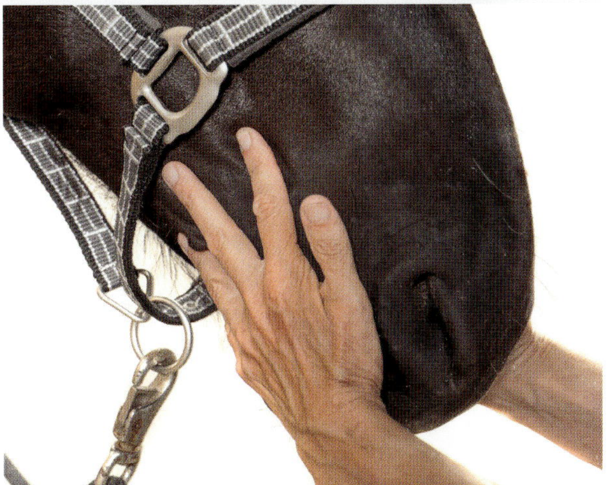

So überprüfen Sie die Stellung des Unterkiefers. Bei vielen Pferden ist er leicht nach links verschoben.

Dieser neunjährige PRE zeigt deutliche Vernarbungen auf dem Nasenbein, die durch Missbrauch der Serreta entstanden sind.

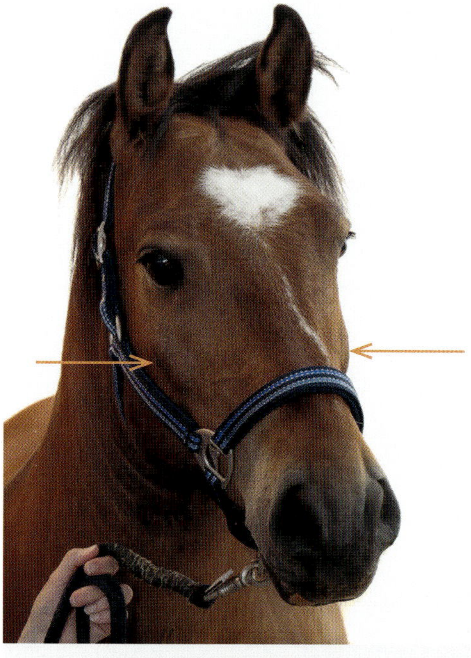

Die Gesichtsleiste – oft fälschlich als Jochbein bezeichnet – ist bei vielen Pferden ungleich ausgeprägt, was am unterschiedlichen Trainingszustand der Kaumuskulatur liegt.

Die Bewegung nach links geht leicht, während die Drehung nach rechts mehr motorischen Aufwand erfordert und nicht so harmonisch möglich ist. Hat das Pferd den Unterkiefer z. B. nach links verschoben, kann es Schwierigkeiten in der Rechtsstellung und Rechtsbiegung haben.

Das Nasenbein des Pferdes kann sich durch den Druck von Zäumungen oder auch des Halfters verändern, dort entstehen typische Eindellungen.

Auch die Serreta oder ein anderer scharfer Kappzaum sowie das Hackamore können am Nasenbein durch Kompression Spuren in Form von Vernarbungen und/oder weißen Stichelhaaren hinterlassen. Das ist nicht nur ein Schönheitsfehler, denn die oberflächliche Kopfschwarte, die *Fascia capitis superficialis*, steht über das Kontinuum der Faszien auch mit den Hirnhäuten in Verbindung und deren Verziehungen können zu craniosakralen Problemen führen, die sich in Konzentrationsschwäche, Nervosität oder Apathie des Pferdes äußern können. Zudem ist die Knochenhaut sehr schmerzempfindlich. Das weiß jeder, der sich einmal das Schienbein angeschlagen hat. Das ist der Grund, warum die Pferde auf Kappzaum, Hackamore oder Knotenhalfter so sensibel reagieren. Deswegen sollte man bei Veränderungen am Nasenbein unbedingt das Equipment überprüfen und die Schadensmechanismen abstellen.

Die Gesichtsleiste

Der Oberkiefer bildet zusammen mit dem Jochbein, dem *Os zygomaticum*, die Gesichtsleiste, die *Crista facialis*.

An dieser setzt der *M. masseter* an. Auch hier kann man den Grundsatz »Form follows function« sehr gut beobachten. Die Dichte des Knochens sowie dessen Größe nimmt bei vermehrter Zugspannung zu. Wenn ein Pferd auf einer Seite mehr kaut oder der *M. masseter* durch eine Verletzung oder auch durch eine einseitig harte Reiterhand mehr Spannung besitzt, vergrößert sich die *Crista facialis* auf dieser Seite. So kann man ein Ungleichgewicht, entstanden auch durch Zahn- oder Kiefergelenksprobleme, an ihr ablesen und die Ursache erforschen.

Die Veränderung der Größe der *Crista facialis* macht auch eine Überprüfung des Equipments, vor allem der Backenstücke der Trense oder, falls in Gebrauch, der Fressbremse, notwendig. Oft sieht man eine einseitig aufgescheuerte *Crista facialis*, da sich diese zusammen mit dem *M. masseter* verdickt und die Backenstücke zu reiben beginnen.

Die Ohren

Die Stellung der Ohren können Aussage über die Spannung des Nackenbands und über Genick- und Stellungsprobleme des Pferdes geben. Befestigt sind

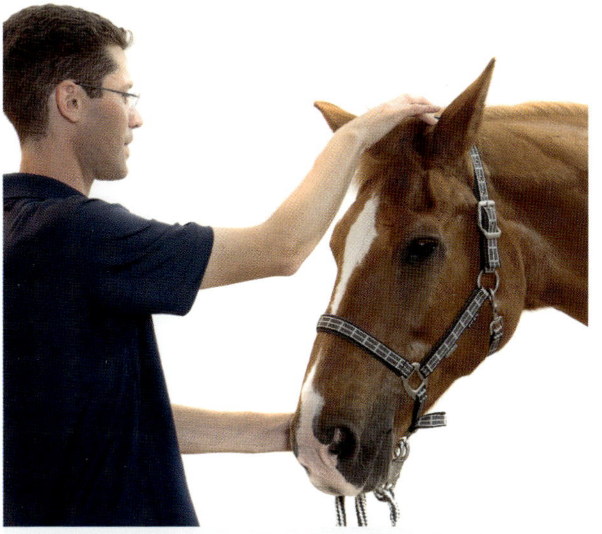

Die Stellung des Hinterhauptsbeins verrät viel über die Ausprägung der natürlichen Schiefe beim jeweiligen Pferd.

die Ohren am Schläfenbein, dem *Os temporale*, das wiederum mit dem Hinterhauptsbein, dem *Os occipitale*, verbunden ist. Am *Os occipitale* setzt von hinten kommend der paarige Nackenstrang, der rechte und linke *Funiculus nuchae*, an. Durch die natürliche Schiefe ist das linke Vorderbein oft stärker bemuskelt und somit auch die Schultergürtelmuskulatur, die zum Teil ihren Ansatz am Nackenstrang hat. Durch ihre vermehrte Spannung verändert sich der *Funiculus nuchae* auf dieser Seite, er wird dicker und fester und zieht das Okziput, somit das Schläfenbein und weiterlaufend das Ohr, auf einer Seite nach hinten. Das ist ein sehr häufiger Befund. Das Pferd steht so in einer konstanten Linksstellung, was es mit einer Rotation im ersten Halswirbel, dem Atlas, wieder kompensiert. So kommt es zu einer Fehlstellung im Genick mit unphysiologischen Spannungen in diesem Bereich. Die Stellung des Hinterhauptsbeins kann man an der *Crista nuchae*, der Nackenleiste, überprüfen.

Das Pferd soll den Kopf gerade halten. Man hakt sich mit dem Zeigefinger und dem Ringfinger hinter die *Crista nuchae* ein und überprüft so deren Position. Hinter der Nackenleiste kann man auf der rechten und linken Seite die Dicke der beiden Nackenstränge erfühlen. So bekommt man eine Aussage über den Grad der natürlichen Schiefe mit all ihren orthopädischen und reiterlichen Problemen.

Die Blinddarmtheorie:

Die natürliche Schiefe

Auf der rechten Seite des Pferdes, die rechte Flanke fast vollständig ausfüllend, liegt der Blinddarm. Auf der linken Seite liegen Dünndarmschlingen und Dickdarm. Der Blinddarm ist die Gärkammer des Pferdes und hat ein Fassungsvermögen von 30 bis 70 Litern. Bei blähendem Futter (Heulage, Silage) oder bei einer Bakterienfehlbesiedlung des Darms kann es zur Volumenzunahme kommen. Das ist eine große Unwucht für die gesamte Statik des Pferdes. Stellen Sie sich vor, Sie stünden auf allen vieren und auf Ihrer rechten Seite hingen in Relation 3 bis 6 Liter Wasser.

In der Bewegung, besonders im Schritt, pendelt der Bauch der meisten Pferde stärker nach rechts und entwickelt Fliehkräfte. Dasselbe passiert in der Längsbiegung nach links ohnehin. Um diese Fliehkräfte aufzufangen, stellt das Pferd das rechte hintere Bein in Außendrehung nach außen. Diese Beobachtung ist auch in den Richtlinien für Reiten und Fahren angegeben: »*Die meisten Pferde sind nach rechts schief. Sie fußen von Natur aus mit ihrem rechten Hinterbein außen an der Spur des rechten Vorderbeins vorbei. Mit dem rechten Hinterbein sind sie dadurch zunächst weniger in der Lage, Schub zu entwickeln.*« (RRF 2012)

Der Schub des rechten Hinterbeins geht bei einem schiefen Pferd mehr diagonal in Richtung linkes Vorderbein als der Schub des linken Hinterbeins nach vorn rechts. Das vordere linke Bein bekommt durch die schräge Schubkraft von hinten rechts mehr Druck auf die Innenseite. Um die Balance zu bewahren und um das Vorderbein unter dem Körper halten zu können, spannen sich die linken Brustmuskeln an und werden kräftiger. Ausgleichend zum Druck von hinten nach schräg außen nimmt das Pferd den unteren Teil der Halswirbelsäule nach rechts: »Der Reiter verspürt am linken Zügel mehr Zug, an den rechten tritt das Pferd nicht beständig heran.« (RRF, 2012) Bei jungen Pferden kann man an der Longe beobachten, dass sie links nach außen ziehen und rechts eher ungebogen Richtung Zirkelmitte driften.

So erklären sich auch die Begriffe »hohle Seite« für die rechte Halsseite und »Zwangsseite« für die linke. Man muss beachten, dass sich diese Termini, leider nicht deutlich erläutert, nur auf die Stellung der Halswirbelsäule beziehen.

Da das rechte Hinterbein nicht unter den Körperschwerpunkt tritt, entwickelt es nicht die gleiche Schubkraft wie das linke Hinterbein. Die Adduktoren (die Muskeln, die das Bein an den Körper heranbewegen) sind schwach, nur die Abduktoren (die das Bein vom Körper wegbewegen) arbeiten vermehrt. Wenn Sie so laufen würden, dass das gesamte Bein (Knie, Fuß, Zehen) in der »Stemmphase« vom Körper weggedreht wird, arbeiten Sie vorwiegend aus dem Po-Muskel heraus. Wenn Sie »normal stemmen«, arbeitet die innere und hintere Oberschenkelmuskulatur mit. Die »Schubkraft« wird verbessert. Das linke Vorderbein muss bei einem schiefen Pferd die verringerte Schubkraft hinten rechts mit vermehrter Stemmarbeit kompensieren.

Die Kinngrube

Wenn man den Kopf des Pferdes von der Seite betrachtet, gibt die Form der Kinngrube und der Tonus der Unterlippe Hinweise auf die Zäumung. Eine schlaffe Unterlippe bis hin zur Lähmung kann auf einschnürende Zäumung, z.B. durch die Kinnriemen, durch die Kinnkette der Kandaren oder auch Kompression durch gebisslose Zäumungen wie das Glücksrad, hindeuten. Diese können die austretenden Nerven aus dem *Foramen mentale*, die sensibel die Haut und Schleimhäute der Unterlippe und des Kinns versorgen, irritieren und zu Schmerzen führen. Auch kann man leider manchmal eine Außenwölbung der Unterlippe durch zu starke Einwirkung von Stangengebissen erkennen. In allen Fällen sollte das Equipment überprüft werden.

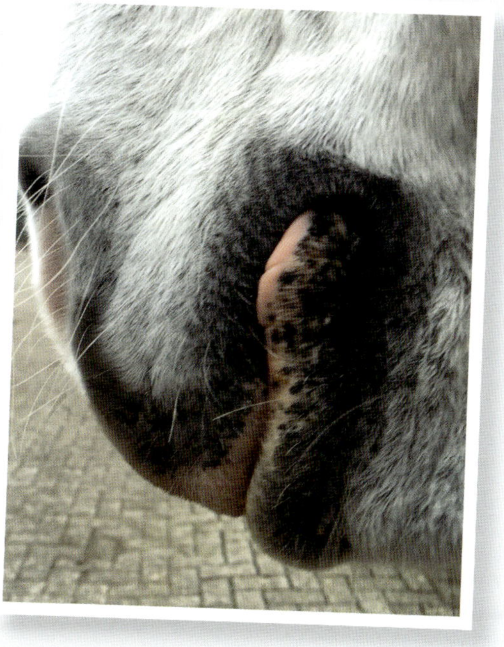

Die Unterlippe dieses Lusitanos ist aufgrund starker Kandareneinwirkung nach außen gewölbt.

PROBLEMSTELLE CTÜ

DER HALSAUFSATZ

Als Halsaufsatz wird der Winkel bezeichnet, mit dem der Hals auf die Schulter trifft. Er sollte idealerweise rechtwinklig zur Schulter angesetzt sein.

Halsaufsatz/Halsansatz

Die Begriffe Halsaufsatz und Halsansatz werden in der Literatur oft irreführend gebraucht. Der Halsaufsatz ist definiert als der Winkel, mit dem der Hals aus der Schulter kommt. Der Halsansatz ist der dorsale Übergang des Halses in den Widerrist.

Ob das Pferd einen hoch oder tief angesetzten Halsaufsatz besitzt, hängt von der Haltung das Pferdehalses ab. Wenn das Pferd den Hals nach unten zum Fressen senkt, sinkt der Halsaufsatz nach unten in den Schultern ab. Am besten kann man den Halsaufsatz in der Dehnungshaltung beurteilen, denn wenn das Pferd den Kopf über die Dehnungshaltung anhebt, senkt sich der Halsaufsatz wiederum ab. Auch in der Beizäumung sinkt der Halsaufsatz meist durch die Überstreckung der letzten drei Halswirbel ab.

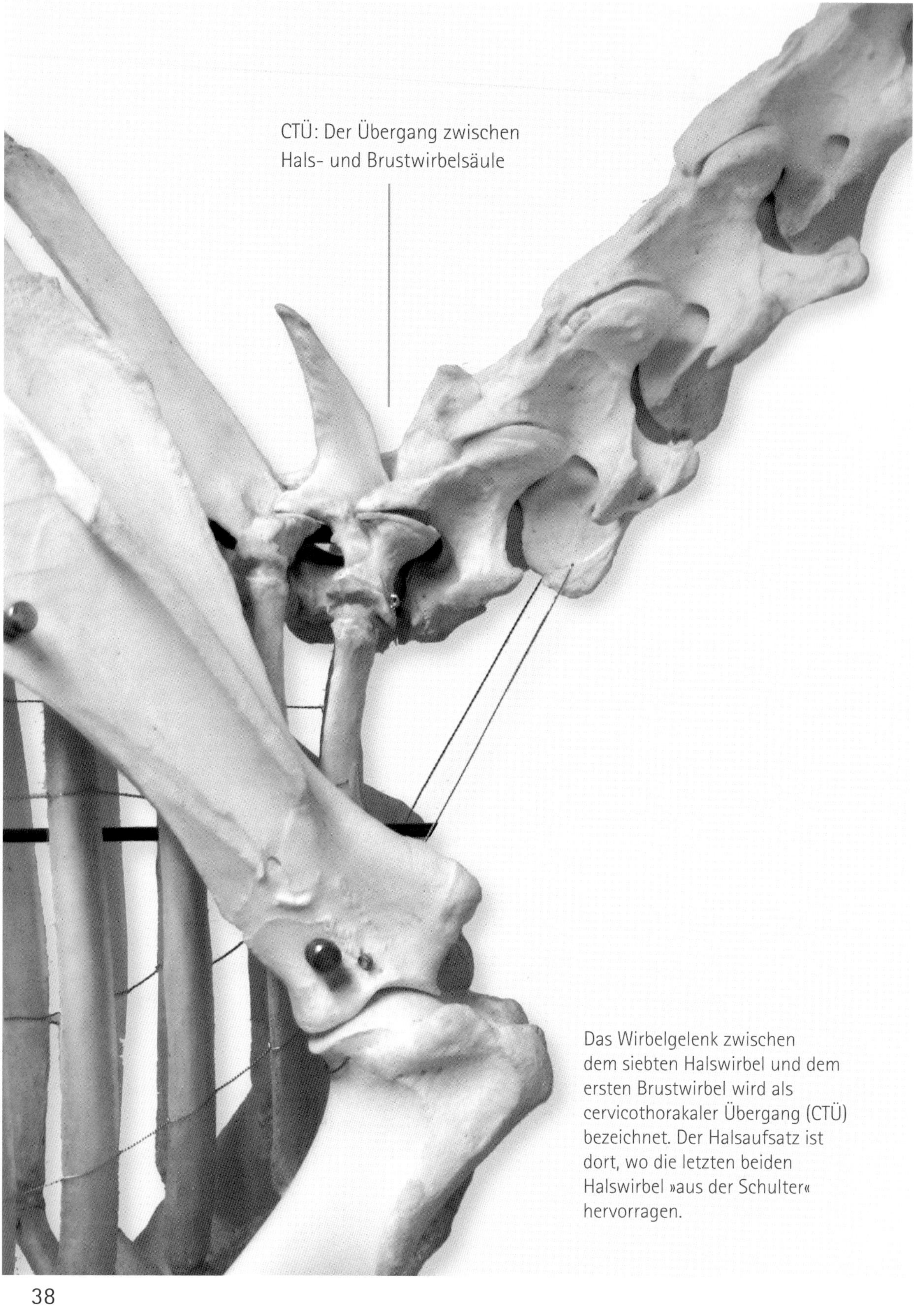

Das Wirbelgelenk zwischen dem siebten Halswirbel und dem ersten Brustwirbel wird als cervicothorakaler Übergang (CTÜ) bezeichnet. Der Halsaufsatz ist dort, wo die letzten beiden Halswirbel »aus der Schulter« hervorragen.

Dieser Friese hat einen hohen Halsaufsatz.

Es wäre vielleicht besser, den Halsaufsatz als die Höhe des sechsten und siebten Halswirbels im Vergleich mit dem unteren Anteil der Schulter zu beurteilen. Dorsal verhält sich der Halsansatz genauso, wird aber nicht mit hohem oder tiefem Halsansatz betitelt.

Anatomisch wird der Halsaufsatz vom sechsten und siebten Halswirbel und dem ersten Brustwirbel gebildet. Das Wirbelgelenk zwischen dem siebten Halswirbel und dem ersten Brustwirbel wird auch als cervicothorakaler Übergang (CTÜ) bezeichnet.

Die physiologische Haltung dieser Wirbel ist beim Grasen gegeben. Dabei entsteht eine Beugung in diesen Gelenken, bei der sich die Wirbelgelenke (Facettengelenke) öffnen. In der Dehnungshaltung vermindert sich die Beugung abhängig von der Höhe der Kopfhaltung des Pferdes. Die Wirbelgelenke bleiben weiter geöffnet. Ligamentär werden die Halswirbel durch die Nackenplatte gehalten, die aber gerade im Bereich der letzten zwei Halswirbel schwach ist oder hier nach neueren Untersuchungen ganz fehlen kann. So ist dieser Bereich instabil und kann leicht überstreckt werden. Wird der Kopf in Aufrichtung getragen, verändert sich die Stellung der Wirbelgelenke. Ab dem sechsten Halswirbel werden diese Wirbel bis einschließlich des dritten Brustwirbels überstreckt und die Facettengelenke zusammengeschoben.

KOMPRESSION IST DER HÖCHSTE SCHADENSMECHANISMUS FÜR DEN KÖRPER

»Knöcherne Läsionen entstehen durch eine Lageveränderung der Gelenkflächen, welche dadurch verursacht werden, in dem ein Teil oder Abschnitt der Wirbelsäule gewaltsam über das normale Maß auf den anderen bewegt wurde.« Marion M. Clark, Angewandte Anatomie, 1906

Der Körper kann Kompression, anders als Muskelkraft, Flexibilität oder Knochenstärke, nicht trainieren. Sie schadet immer und das sieht man an den Gelenkarthrosen (vorzeitiger Verschleiß des Gelenkknorpels) oder etwa in einer strapazierten Sattellage.

Wenn sich in der Wirbelsäule die Facettengelenke zusammenschieben, werden die Gelenkpartner komprimiert. Häufig werden in dem Wirbelsäulenabschnitt vom fünften bis siebten Halswirbel Arthrosen diagnostiziert, die man als zervikale degenerative Osteoarthropathie bezeichnet. Der Knorpel in den Facettegelenken wird durch die Kompression abgerieben und es können sich durch den verstärkten Druck zusätzlich knöcherne Randzacken (Osteophyten) bilden. Diese können den Rückenmarkskanal einengen und bei älteren Tieren ähnliche Symptome wie beim Wobbler-Syndrom hervorbringen. Manchmal bilden sich dort auch Gelenksgallen, die eine langsam beginnende oder plötzliche Ataxie auslösen können.

Zwischenwirbellöcher

Die Zwischenwirbellöcher, die *Foramina intervertebralia*, sind paarige Öffnungen des Wirbelkanals, die von zwei benachbarten Wirbeln gebildet werden. Diese dienen den Rückenmarksnerven, Arterien *(A. vertebralis)* und Venen *(V. vertebralis)* als Austrittstelle (siehe Kapitel zum Hals). Bei der Überstreckung der Wirbel verengen sich die Zwischenwirbellöcher und die austretenden Nerven, Arterien und Venen erfahren Druck. So kann es zu Sensibilitätsstörungen, Minderversorgung oder Stauung in den zu versorgenden Gebieten kommen. Und hier gibt es

In der Biegung passiert mit den Facettengelenken auf der Innenseite dieselbe Bewegung wie in Streckung und auf der Außenseite dieselbe wie in Beugung: Innen schließen sich die Facettengelenke (Konvergenz), was zur Verengung der Zwischenwirbellöcher führt, außen öffnen sie sich (Divergenz).

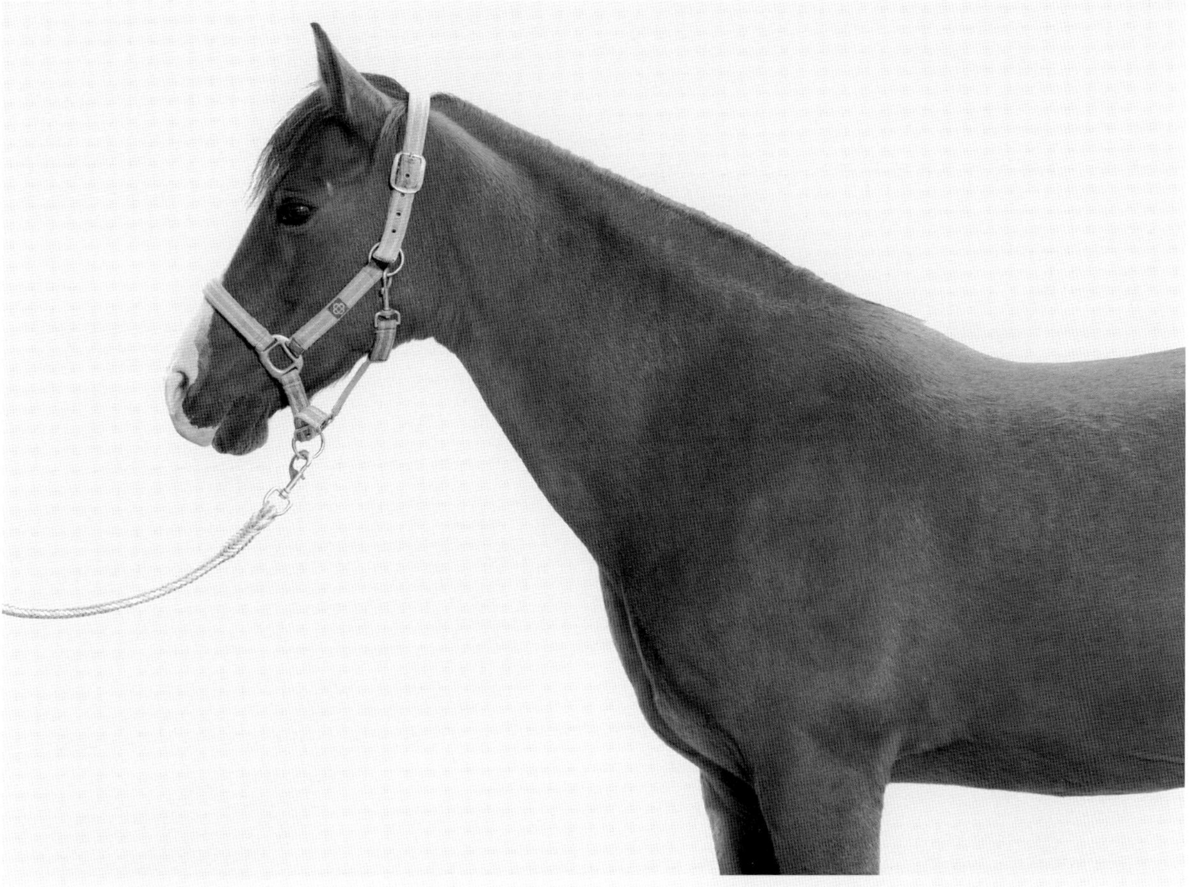

Dieses Pony hat einen tiefen Halsaufsatz.

besonders im Bereich des CTÜ wichtige Strukturen. Unter anderem entspringt das Armgeflecht, der *Plexus brachialis*, aus diesem Gebiet. Dieses Nervengeflecht versorgt Teile der Schultermuskulatur wie den *M. rhomboideus* und den *M. serratus ventralis cervicis* sowie die Schultergliedmaße und Teile der Rumpfwand. Aus ihm gehen weiterhin die zwölf Nerven der Vordergliedmaße hervor. Bei einer Störung kann es zu Schmerzen oder auch Taubheit im Vorderbein und Widerristbereich kommen. Betroffene Pferde steifen mit dem Vorderbein und stolpern häufig. Auch ein trockener, abgehackter Husten aus dem Rachen kann ein Symptom einer Störung in diesem Bereich sein sowie das Kehlkopfpfeifen (verursacht durch Irritation des *Nervus laryngeus recurrens)*. Die Zwerchfellmuskulatur wird von dem *N. phrenicus* versorgt, der auch aus diesem Gebiet entspringt. So kann es zu Atemstörungen kommen.

DER HALS

Jeder Reiter träumt davon, dass sein Pferd einen »schönen« Hals hat. Darunter verstehen die meisten eine ausgeprägte Oberlinie und eine leicht konkav geschwungene Unterseite. Der Hals soll sich zum Kopf hin verjüngen, bei idealerweise viel Ganaschenfreiheit.

Wie der Hals eines Pferdes aussieht, hängt ab von dessen Genetik, Trainingszustand und -schwerpunkt und von der Psyche des Pferdes.

ANATOMIE DER HALSWIRBELSÄULE

Die Halswirbelsäule ist der beweglichste Teil der Wirbelsäule des Pferdes. Sie besteht aus sieben Halswirbeln, von denen die ersten beiden eine besondere Form besitzen. Der erste Halswirbel, der Atlas, hat keinen Dornfortsatz, aber sehr ausgeprägte Querfortsätze (Atlasflügel). Er ist mit dem Hinterhauptsbein des Schädels gelenkig verbunden (erstes Kopfgelenk). Dieses Gelenk ermöglicht Beugung und Streckung (Kopfnicken) sowie eine leichte Seitneigung (Stellung). Der zweite Halswirbel, der Axis, ist der längste Wirbel im Pferdekörper. Er schiebt sich mit seinem Knochenzahn in die Zahngrube *(Fovea dentis)* des Atlas. In diesem zweiten Kopfgelenk ist (ausschließlich) Rotation möglich. Über dem Atlas und dem ausgeprägten Dornfortsatz des Axis verläuft das Nackenband *(Funiculus nuchae)*, der Nackenstrang des Nackenbandes setzt am Axis an und wird auf Höhe des Atlas und des Axis von Schleimbeuteln unterlagert.

Der dritte bis siebte Halswirbel besitzt rudimentäre Dorn- und relativ ausgeprägte Querfortsätze. Die Facettengelenke werden von den hinteren Gelenkfortsätzen des vorangegangenen und den vorderen Gelenkfortsätzen des folgenden Halswirbels gebildet. In Streckung schieben sie sich ineinander (Konvergenz), in Beugung auseinander (Divergenz). Zwischen zwei Wirbeln treten durch die sogenannten Zwischenwirbellöcher wichtige Nerven und Blutgefäße in den Wirbelkanal ein bzw. aus. In Streckung (Pferd hebt den Hals) verengen sich diese Löcher, in Beugung (Pferd senkt den Hals) vergrößern sie sich.

Die Halswirbelsäule verläuft direkt über der Drosselrinne, also nicht unter dem Mähnenkamm, wo viele Reiter sie vermuten.

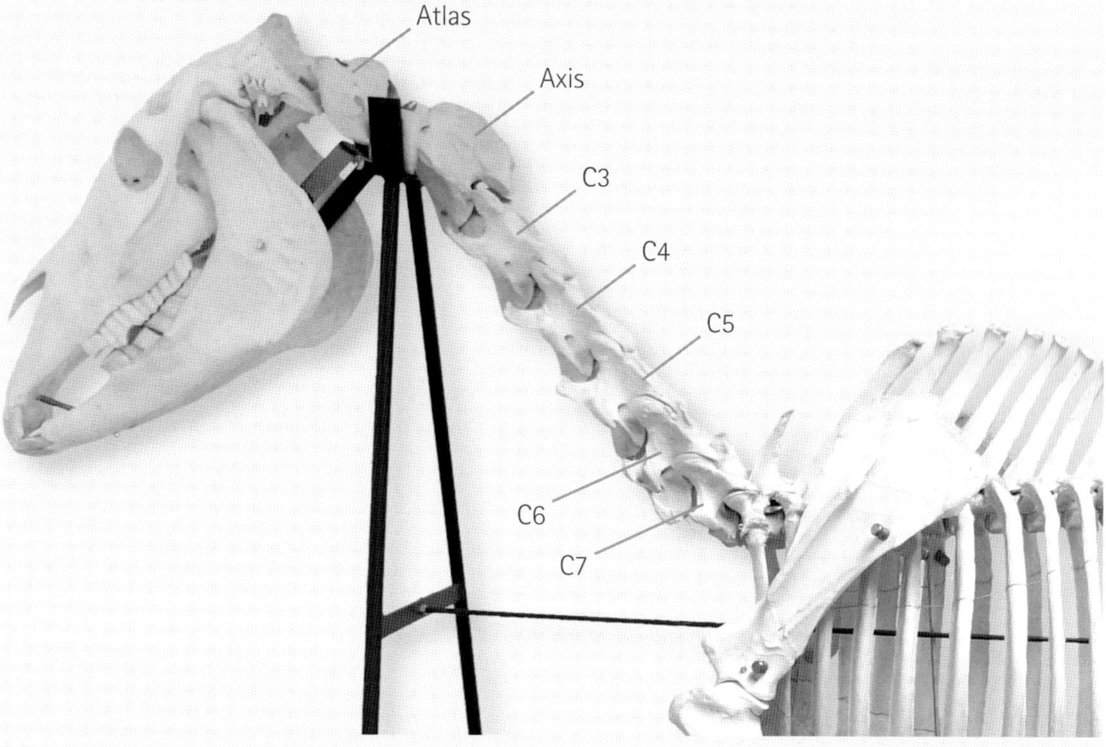

Die Halswirbelsäule des Pferdes besteht aus Atlas, Axis und den folgenden fünf Halswirbeln C3-C7.

Wie gut die Ganaschenfreiheit eines Pferdes ist, hängt vom Trainingszustand des *M. longus capitis*, von der Ausprägung der Ohrspeicheldrüse, der Form des Unterkiefers *(Mandibula)* und des Atlas ab.

WIE DIE BEMUSKELUNG DIE HALSFORM BESTIMMT

Die Halsform des Pferdes wird neben genetischen Faktoren wesentlich durch die Muskulatur und ein Gleichgewicht oder Ungleichgewicht im Trainingszustand der Muskeln und Muskelketten bestimmt. Bereits direkt hinter den Ohren befinden sich Muskeln, die viel über Training und Psyche des Pferdes verraten – die kurzen Nackenstrecker. Diese Muskelgruppe besteht aus dem großen und kleinen oberen geraden Kopfmuskel (*M. rectus capitis dorsalis major* und *minor*) und dem schrägen vorderen und hinteren Kopfmuskel *(M. obliquus capitis cranialis et caudalis)*.

M. RECTUS CAPITIS DORSALIS MAJOR ET MINOR
großer und kleiner oberer gerader Kopfmuskel

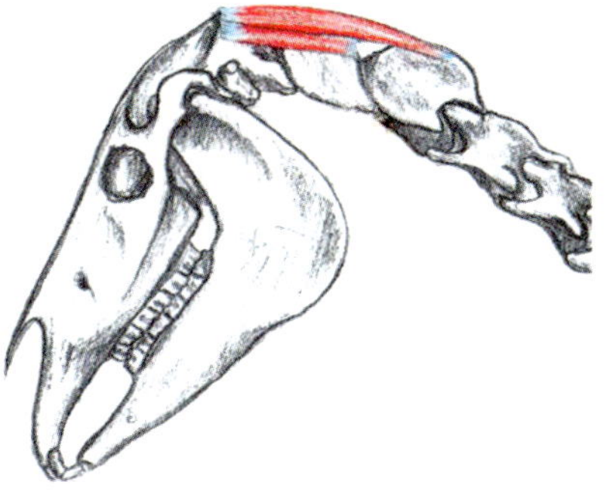

Funktion
- Streckt das Genick.
- Hebt den Kopf an.

Anmerkungen
- Verspannt bei starker Beizäumung, wenn das Pferd gegen das Gebiss geht.
- Ist ein Faszienspanner der Hirnhäute (Meningen).
- Gehört zu den Muskeln, die sich bei extremem Stress verspannen (suboccipitales Nackendreieck).

Ursprung ***M. rectus capitis dorsalis major:*** Dornfortsatz des 2. Halswirbels (Axis)
M. rectus capitis dorsalis minor: am 1. Halswirbel (Atlas)

Ansatz ***M. rectus capitis dorsalis major:*** am Nackenkamm des Hinterhauptsbeins *(Crista nuchae)*
M. rectus capitis dorsalis minor: an der *Crista nuchae*

MM. OBLIQUUS CAPITIS CRANIALIS ET CAUDALIS
Schräger vorderer und hinterer Kopfmuskel

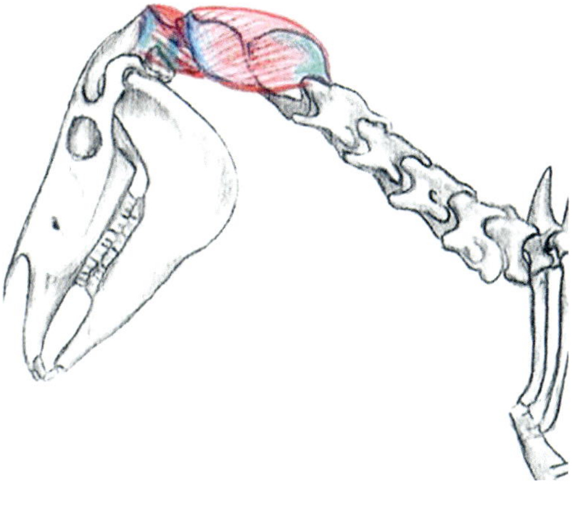

Funktion
- ***M. obliquus capitis cranialis:*** Genickstrecker und Kopfheber
- ***M. obliquus capitis caudalis:*** Dreher des Atlas um den Zahn des 2. Halswirbels *(Axis)*

Anmerkungen
- Verspannt bei starker Beizäumung, wenn das Pferd gegen das Gebiss geht.
- Faszienspanner der Hirnhäute (Meningen).
- Gehört zu den Muskeln, die sich bei extremem Stress verspannen (suboccipitales Nackendreieck).

Ursprung ***M. obliquus capitis cranialis:*** Atlasflügel
M. obliquus capitis caudalis: Dornfortsatz des 2. Halswirbels (Axis)

Ansatz ***M. obliquus capitis cranialis:*** vor allem am Nackenkamm des Hinterhauptsbeins
M. obliquus capitis caudalis: Atlasflügel

Bei diesem Pferd ist das suboccipitale Nackendreieck gut zu erkennen. Es verrät, dass das Pferd unter strarkem Stress steht oder gestanden hat.

Sind diese Muskeln verspannt, ist das ein Hinweis darauf, dass das Pferd wahrscheinlich gegen den Zügel geht und/oder in Beizäumung fixiert wird oder wurde, etwa durch Hilfszügel. Die kurzen Nackenstrecker sind Faszienspanner der Hirnhäute. Zu viel Spannung kann zu Müdigkeit, Konzentrationsstörungen und Kopfschlagen führen.

Ist die Verspannung großflächiger und setzt sie sich über den zweiten Halswirbel fort, sieht man das sogenannte suboccipitale Nackendreieck, also eine überdeutliche Bemuskelung im oberen Halsbereich. Diese verrät, dass das Pferd unter starkem Stress steht oder gestanden hat. Oft sind solche Pferde nervös, explosiv und neigen zum Durchgehen oder Steigen.

Bei erhobenem Kopf arbeitet das Pferd mit seiner dorsalen Muskelkette, also mit Muskeln, die oberhalb der Wirbelsäule liegen. Die ventrale Muskelkette und der Oberarm-Kopf-Muskel, *M. brachiocephalicus*, der kräftigste »Unterhalsmuskel«, werden eher leicht gedehnt, aber nicht trainiert.

Läuft ein Pferd also »wie eine Giraffe«, wird das durch zu viel Aktivität der Muskulatur der Oberlinie und zu wenig

Aktivität der unterhalb der Wirbelsäule liegenden Muskeln verursacht. Dass der Unterhals prominent hervortritt, liegt daran, dass man bei stark angespannter Oberlinie die Form der Halswirbelsäule in den unteren Segmenten hervortreten sieht – man sieht also die unphysiologische Krümmung der durchgestreckten Halswirbelsäule. Die Formulierungen, dass das Pferd sich »auf den Unterhalsmuskel stützt« oder sich »mit dem Unterhalsmuskel hilft«, sind anatomisch betrachtet falsch.

Die Halsform kann rassebedingt sein: Manche Friesen zeigen bereits im Stand eine deutliche umgedrehte S-Form in ihrer Halsung und haben einen prominenten Unterhals.

Langer Hals

Die Länge des Halses entspricht der Beinlänge des Pferdes: Pferde, die im linearen Typ stehen, haben also neben langen Röhren oft einen langen und eher geraden Hals.

Das hängt mit der Schrittlänge des Pferdes zusammen: Wie jeder Reiter weiß, nicken Pferde im Schritt mit dem Kopf.

M. BRACHIOCEPHALICIS
Oberarm-Kopf-Muskel

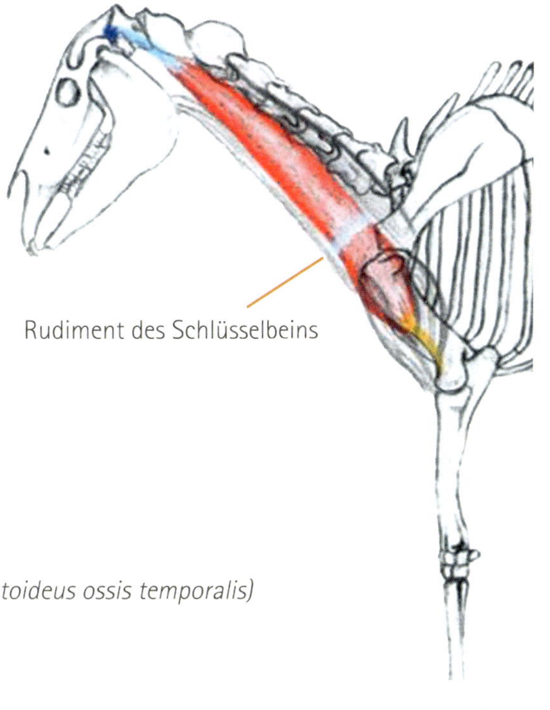

Funktion
- Bei Feststellung des Kopfes durch die Reiterhand Strecker des Schultergelenks (Auktionsmuskel).
- In der Standbeinphase beugt er Hals und Kopf, einseitig angespannt neigt er Kopf und Hals zur Seite.

Anmerkungen
Verspannungen dieses Muskels weisen hin auf:
- Zahnproblematik
- Kiefergelenksproblematik
- Genickproblematik
- Schulterproblematik

Ursprung Warzenfortsatz des Schläfenbeins *(Proc. mastoideus ossis temporalis)*
Ansatz Leiste des Oberarmknochens *(Crista humeri)*

Lineares Pferd mit langem, geradem Hals: Im Schritt verlagert der Wallach durch das Kopfnicken seinen Schwerpunkt deutlich nach vorn und »rollt« ohne Kraftaufwand über das stehende Vorderbein.

Aber: Warum eigentlich? Mit dieser Frage hat sich 2017 ein Forscherteam der Humboldt-Universität Berlin befasst. Die Wissenschaftler fanden heraus, dass die Pferde so Energie sparen. Schaut man sich die Videoaufnahmen des Forscherteams an, so erkennt man, dass der Kopf in der Mitte der Doppelstandphase – wenn also beide Vorderbeine tragen – den höchsten Punkt erreicht. In der Einbeinstandphase, also während das andere Vorderbein nach vorn geführt wird, erreicht der Kopf den tiefsten Punkt. Das Pferd verlagert also seinen Schwerpunkt nach vorn und kann ohne viel Kraft über das stehende Vorderbein »rollen«. Uns fällt es auch leichter, ein wenig vornübergebeugt einen Berg hochzugehen, als wenn wir das kerzengerade versuchen würden.

Grundsätzlich ist ein langer Hals also ein völlig physiologisches Kennzeichen für Pferde, die auf Raumgriff und langes, ausdauerndes Gehen auf sicherem Boden (nur da ist eine lange Stützbeinphase möglich) gezüchtet wurden.

Ist ein langer Hals wenig bemuskelt, neigt er allerdings zu Instabilität. Pferde mit langem Hals knicken häufig in der Halsbasis ab, wenn der Reiter das nicht durch geschickte Hilfengebung verhindern kann. Die Instabilität kann bis hin zu Rückenmarksschädigungen im Halsbereich führen, die sich durch unsicheren Gang oder Stolpern zeigen können. Pferde mit langem Hals sollten also auf jeden Fall gut auftrainierte Halsmuskeln haben.

Gerader Hals und Axthieb

Oft haben Pferde mit langem Hals auch einen geraden Hals. Die Muskelketten sind ausgewogen ausgeprägt bzw. trainiert. Im Profil zeigt der Hals keine deutliche Wölbung der Oberlinie, aber auch nicht zwingend einen ausgeprägten konvexen Unterhals. Pferden mit geradem Hals fallen eine in der Dressur erwünschte Aufrichtung und die Arbeit in Richtung Versammlung eher schwer, ansonsten ist diese Halsform für Vollblüter und Warmblüter vom alten Schlag typisch und physiologisch.

Manche Pferde haben eine verspannte Oberlinie bei einem sehr geraden Hals – die Oberlinie ist kürzer als die Unterlinie (Hirschhals). Das kann bei Vollblutpferden oder im alten Typ stehenden Warmblütern vorkommen und deutet auf eine zu hohe Faszienspannung hin.

Hat ein Pferd einen Axthieb, weist das nicht zwingend auf schlechtes Reiten oder unausgewogenes Training hin. Die Widerristbinde *(Fascia spinocostotransversalis*, der Anteil heißt *Lamina principalis*) ist in diesem Fall unter hoher Spannung, was bei linearen Pferdetypen wie englischen oder arabischen Vollblütern genetisch bedingt ist.

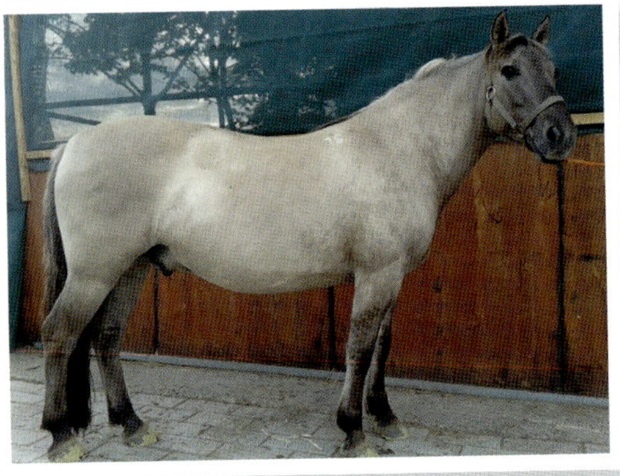

Viele ursprüngliche Pferderassen wie dieser Konik haben eine eher verspannte Oberlinie und einen kurzen Hals. (Foto: privat)

Ein kurzer Hals ist oft weniger leicht zu biegen als ein langer, was ihn andererseits aber auch stabiler macht. Oft haben Pferde mit kurzem Hals eine Neigung zum Unterhals, also zu einer verspannten Oberlinie.

Kurzer Hals

Viele Ponys, aber auch schwere Warmblüter, Kaltblüter und manche Spanier haben einen kurzen Hals. Oft haben Pferde mit kurzem Hals wenig Ganaschenfreiheit, es fällt ihnen also schwer, durchs Genick zu gehen. Auch spricht ein kurzer Hals für eine relativ kurze Schrittlänge mit wenig Raumgewinn und wenig hinterer Stützbeinphase, besonders wenn er hoch angesetzt ist.

HALSFORM UND TRAINING

Solange ein Pferd nicht geritten wird, kann es mit einer in unseren Augen unharmonischen Halsform gut leben. Viele Wildpferde oder verwilderte Hauspferderassen haben eine verspannte Oberlinie und einen Unterhals, einen kurzen oder auch einen sehr geraden dünnen Hals.

Stützbeinphasen

Wer sich Fotos eines Pferdes in Bewegung ansieht, stellt fest, dass es mehrere Bewegungsphasen gibt. Ein Bein hat nach dem Abfußen eine hintere Hangbeinphase, wird hervorgebracht zur mittleren und schließlich zur vorderen Hangbeinphase. Fußt es dann auf, spricht man von der vorderen Stützbeinphase. In der mittleren Stützbeinphase stemmt bzw. schiebt das Pferd sein Körpergewicht nach vorn. In der hinteren Stützbeinphase, kurz vor dem Auffußen, schiebt sich das Pferd maximal nach vorn. Je ausgeprägter die hintere Stützbeinphase ist, desto größer ist der Raumgewinn.

Das Nacken-Rückenband-System

Das kräftige Nacken-Rückenband zieht vom Hinterhauptsbein über die Wirbelsäule bis zum Ende des Kreuzbeins. Es setzt am Hinterhauptsbein an, überspringt den ersten Halswirbel (Atlas) und hat einen zweiten Ansatzpunkt am zweiten Halswirbel. Das Nackenband zieht als paariger Nackenstrang *(Funiculus nuchae)* zum dritten Brustwirbel, heißt ab da Rückenband *(Lig. supraspinale)* und setzt an den Dornfortsätzen jedes weiteren Wirbels bis zum Ende des Kreuzbeins an. Im Halsbereich verbindet die Nackenplatte *(Lamina nuchae)* den Nackenstrang mit den meisten Halswirbeln. Senkt das Pferd den Hals, kommt das Nacken-Rückenband unter Spannung. Es hält die Brustwirbelsäule (hinter dem Widerrist) passiv, also ohne Muskelkraft, oben. Außerdem sind einige Muskeln der Oberlinie wie der *M. splenius*, *M. rhomboideus* und *M. trapezius* mit dem Nackenband verbunden, der *M. splenius* außerdem auch mit der Rückenlendenbinde, einer kräftigen Faszie, die die Sattellage überzieht. Ein langer, tief getragener Hals bedeutet also automatisch auch Stabilität für den Rücken.

In Aufrichtung fallen diese faszialen Stabilisierungsmechanismen weg – das Nacken-Rückenband-System hängt durch und das Pferd trägt Hals und Rücken muskulär. Da Muskeln im Gegensatz zu Faszien ermüden, neigen Pferde mit hoch angesetztem, schon im Stand aufgerichtetem Hals eher zu Rückenproblemen.

NACKEN- UND RÜCKENBAND DES PFERDES

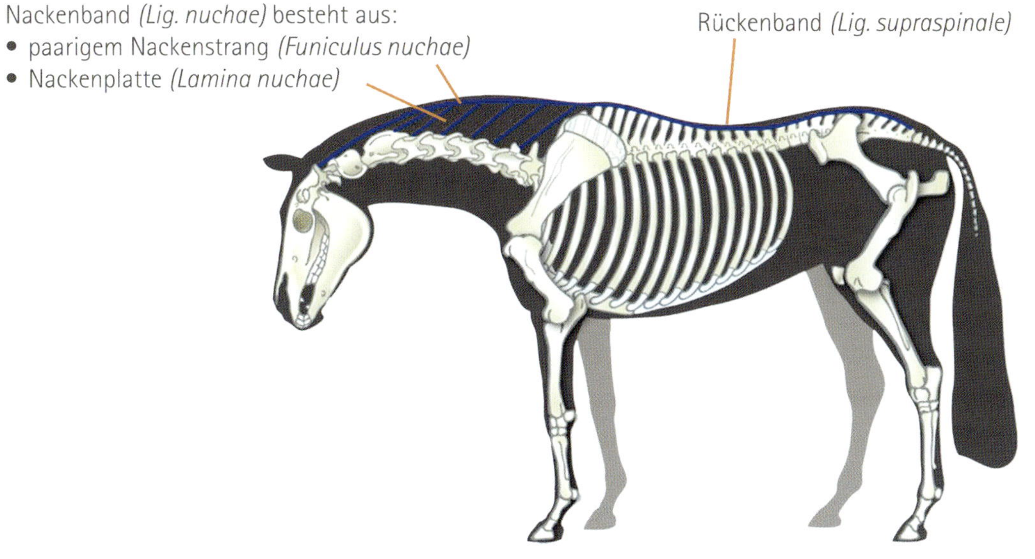

Idealer Reitpferdehals – das deutet auf gutes Training hin

Beim Reitpferd sieht das ein wenig anders aus als beim Wildpferd. Zumindest der Rumpftrageapparat sollte gut entwickelt sein, was die Halsbasis anhebt (siehe Kapitel zum CTÜ und zum Rumpftrageapparat). Wünschenswert ist auch ein gut trainierter *M. longus colli.* Dieser Muskel zieht von unten von Halswirbel zu Halswirbel und schützt den cervicothorakalen Übergang.

Ein gut entwickelter milzförmiger Muskel, *M. splenius,* ist nicht nur harmonisch und beeindruckend anzuschauen. Er ist ein Indikatormuskel, ob das Pferd physiologisch geritten wird und ob das Equipment passt. Der *M. splenius* hat seinen Ursprung unter anderem in der Rückenlendenbinde, also in der Faszie, die großflächig die Sattellage überzieht. Ist die Faszie etwa durch unpassendes Equipment oder zu häufiges Reiten ohne reitfreie Tage irritiert, verspannt oft auch der *M. splenius.* Legt der Reiter Wert auf schonende Ausbildung und ausreichendes Reiten in Dehnungshaltung, entwickelt er sich positiv und das Pferd bekommt eine schöne Oberlinie. Hengste haben oft testosteronbedingt

M. LONGUS CAPITIS ET COLLI
Kopf- und Halsbeuger

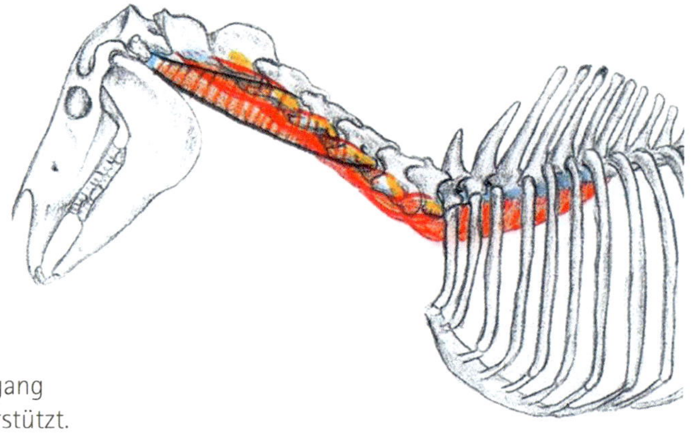

Funktion
M. longus capitis: Beuger und Seitneiger des Kopfes und der oberen Halswirbelsäule
M. longus colli: Beuger und Seitneiger der unteren Halswirbelsäule

Anmerkungen
M. longus colli:
- Einziger Muskel, der von ventral den Übergang von Hals- zur Brustwirbelsäule (CTÜ) unterstützt.
- Beugt und richtet die Halswirbelsäule auf.

Ursprung ***M. longus capitis:*** Querfortsätze des 2. bis 5. Halswirbels
M. longus colli: Brustportion: an den Seitenflächen der ersten sechs Brustwirbelkörper
Halsportion: Unterseite der Querfortsätze des 3. bis 7. Halswirbelkörpers

Ansatz ***M. longus capitis:*** Tuberculum musculare der Schädelbasis
M. longus colli: Brustportion: Querfortsätze des 6. und 7. Halswirbelkörpers
Halsportion: Ventralkämme der vorausgehenden Halswirbelkörper, die vordersten Bündel ziehen bis zum Tuberculum ventrale des Atlas (C1)

M. SPLENIUS CAPITIS ET CERVICIS
Riemenmuskel des Kopfes und Halses

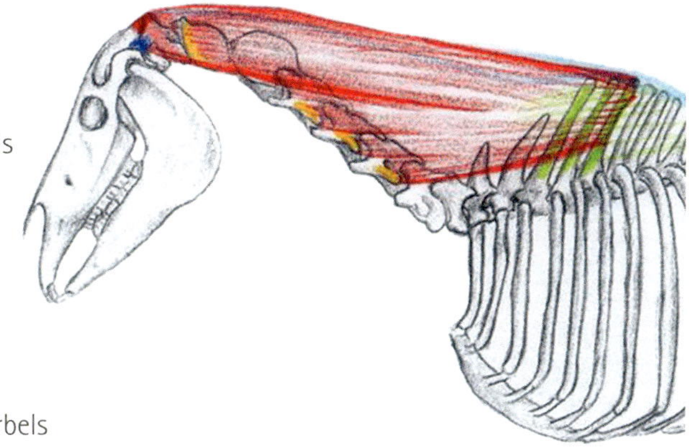

Funktion
Strecker, Heber und Seitneiger von Kopf und Hals

Anmerkungen
- Kann bei Verspannungen Zahn-, Genicks- und Kiefergelenksprobleme anzeigen.
- Ist besonders aktiv im Galopp und bildet die kräftige Oberlinie.

Ursprung
- Dornfortsätze des 3. bis 5. Brustwirbels
- Nackenband
- Rückenlendenbinde *(Fascia thoracolumbalis)*

Ansatz
- Nackenkamm des Hinterhauptsbeins
- Warzenfortsatz des Schläfenbeins
- Querfortsätze des 3. bis 5. Halswirbels

M. SERRATUS VENTRALIS
Gesägter Muskel

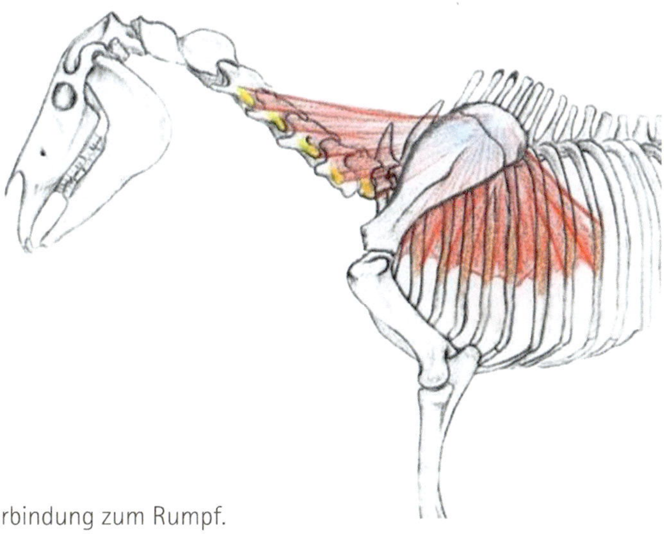

Funktion
M. serratus ventralis pars cervicis:
- Rumpfträger
- Heber des Halses bei fixierter Gliedmaße

M. serratus ventralis pars thoracis:
- Hilfsinspirator (unterstützt Einatmung)
- wichtigster Rumpfheber

Anmerkungen
- Rumpfträger und stärkste myofasziale Verbindung zum Rumpf.
- Hält Schulterblatt in allen Rotationsstellungen.
- Fängt die axialen Stöße in der Stützbeinphase ab.

Ursprung Halswärtiger Anteil *(Pars cervicis)*: Querfortsätze des 4. bis 7. Halswirbels
Brustwärtiger Anteil *(Pars thoracis)*: Erste 8 bis 9 Rippen

Ansatz gezahnte Fläche auf der medialen Seite des Schulterblatts *(Facies serrata)*
Schulterblattknorpel *(Cartilago scapulae)*

Diese Friesenstute zeigt eine Tendenz zum Speckhals.

eine schön entwickelte Muskulatur und Kammfett unterm Mähnenkamm. Dadurch wirken der Hengsthals und der *M. splenius* ausgeprägter.

Vom Sattel aus betrachtet ist der ideale Hals breit an der Halsbasis und verjüngt sich nach oben hin. Dann hat das Pferd einen gut trainierten *M. splenius*, *M. serratus ventralis* und nicht übermäßig verspannte kurze Nackenstrecker.

Wenn Ihr Pferd noch oder noch nicht diesem Idealbild entspricht, vergleichen Sie seine heutige Halsform mit der vor einigen Monaten oder Jahren. Man kann jedes Pferd nur mit sich selbst vergleichen. Eine gut gerittene Achal-Tekkiner-Stute wird nie einen derartigen »Kragen« haben wie ein gut gerittener Knabstrupperhengst.

Speckhals

Nicht immer deutet eine gewölbte Oberlinie auf einen gut trainierten *M. splenius* hin. Bei manchen Pferden, gerade EMS (Equines Metabolisches Syndrom)-Patienten ist so viel Fett unterm Mähnenkamm eingelagert, dass es scheint, als hätten sie eine schön entwickelte Oberlinie. Diese Art von »Kragen« ist ungesund. Fettdepots unterm Mähnenkamm bilden oft Hormone, die die entgleiste Stoffwechsellage noch verschärfen.

Ungünstiger Hals – was tun?

Hat Ihr Pferd keinen idealen Reitpferdehals, lohnt es sich auf Ursachenforschung zu gehen. »Muskellöcher« in der Mitte des Halses deuten auf einen wenig trainierten oder auch überstrapazierten *M. serratus ventralis pars cervicis* (siehe Kapitel zum Rumpftrageapparat) hin. In diesem Fall lohnt ein kritischer Blick auf Ihr Trainingspensum. Möglicherweise braucht Ihr Pferd mehr gezielte Trabarbeit in Dehnungshaltung (je nachdem sogar am besten ohne Reitergewicht und störendes Equipment wie Longiergurt). Vielleicht haben Sie es aber auch übertrieben und den *M. serratus* überfordert, etwa mit viel Galopptraining, Springen oder täglichem anspruchsvollem dressurmäßigem Reiten in Aufrichtung. Bedenken Sie, dass jeder Muskel nach einem überschwelligen Trainingsreiz einen bis zwei Pausentage benötigt, um beanspruchte Strukturen zu reparieren und die Energiespeicher aufzufüllen.

Unterhals

Wie weiter vorn erklärt, kann ein Unterhals rassebedingt sein. Ob rasse- oder trainingsinitiiert, der Unterhals tritt hervor, wenn die Halsstrecker zu aktiv sind, also die Oberlinie unter starker Spannung steht. Vergleichen Sie Ihr Pferd mit Fotos Ihres Pferdes von vor Wochen, Monaten oder Jahren. Tritt der Unterhals immer weniger hervor? Gut so, trainieren Sie so weiter. Tritt er stärker hervor? Dann wird es Zeit, auf Ursachenforschung zu gehen.

Das vermehrte Hervortreten des Unterhalses kann durch eine unphysiologische Haltung im Training kommen: Das Pferd drückt unterm Reiter oder vor der Kutsche den Rücken weg und hebt immer wieder für längere Zeit bei durchgedrückter Halswirbelsäule den Kopf – etwa weil es das nie anders gelernt hat oder der Reiter nicht genug reiterliche Erfahrung und technisches Können besitzt, um das Pferd nicht zu stören. Auch dauerhaftes Reiten über Tempo treibt viele Pferde in eine überaktive dorsale Kette und damit zum Unterhals.

Ein ausgeprägter Unterhals kann aber auch psychisch oder schmerzbedingt sein. Jeder Reiter weiß, dass ein Pferd im Fluchtmodus den Kopf hebt. Stress und »Kopf hoch« sind direkt miteinander verknüpft. Nun kann Stress viele Ursachen haben. Körperliche zum Beispiel – und das müssen keine röntgenologischen Befunde sein. Wichtig zu wissen ist, dass Restriktionen im Fasziengewebe auch Schmerzen verursachen. Rückenschmerzen beim Menschen kommen zum Beispiel nachgewiesenermaßen (siehe Veröffentlichungen von Robert Schleip, Faszienforscher an der Universität Ulm) häufig aus der Rückenlendenbinde, einer großflächigen Faszie, die sich beim Pferd über die gesamte Sattellage erstreckt. Auch Magengeschwüre kommen bei Pferden sehr häufig vor (Sportpferde sind zu 90 Prozent betroffen, Freizeitpferde immerhin zu 60 Prozent!). Oft haben erkrankte Pferde einen schlecht entwickelten Rumpftrageapparat und somit eine Neigung zum Unterhals. Gähnt Ihr Pferd häufig? Legt es die Ohren an beim Gurten? Das könnten Hinweise auf Magenprobleme sein.

Auch die Haltungsform sollten Sie in Ihre Überlegungen einschließen. Wenn Ihr Pferd in der Box steht – hat es genügend Sozialkontakte? Hat es immer genug Heu, sodass es nicht länger als vier Stunden ohne Futter gehalten wird? Wenn es in der Herde steht: Gibt es genügend Liegeflächen? Wird Ihr Pferd viel von anderen Pferden gejagt?
Wie ist die »Grundstimmung« in der Herde? Aggressiv? Oder stehen die Pferde viel entspannt herum? Ein Pferd muss zwischen den Trainingsreizen vollständig entspannen können, damit es psychisch loslassen und körperlich regenerieren kann.

Löcher im »Unterhals«

Bei einigen Pferden sieht man Löcher etwas oberhalb der Drosselrinne.
Das sind Muskelfaserrisse im Oberarm-Kopf-Muskel *(M. brachiocephalicus)*.
Der *M. brachiocephalicus* besteht aus zwei Anteilen: dem *M. cleidomastoideus* und dem *M. cleidobrachialis*. Zwischen diesen Anteilen liegt das Schlüsselbeinrudiment: eine sehnige Struktur, die *Pars clavicularis* genannt wird. Zeigt ein Pferd Löcher am Unterhals, dann fast immer auf Höhe der *Pars clavicularis*.
Sie bildet die Schwachstelle des Muskels und gibt bei starker Überlastung sozusagen zuerst nach.

Wie kann man aber den Oberarm-Kopf-Muskel so überlasten, dass es zu Rissen im Gewebe kommt? Normalerweise kann der *M. brachiocephalicus* dafür sorgen, dass das Pferd den Kopf senkt oder, wenn er nur einseitig aktiv ist, den Kopf zur Seite nimmt. Punctum fixum wäre der Oberarmknochen,

Halsform und Psyche

Ist der Stressnerv (Sympathikus) aktiv, springt die dorsale Muskelkette an.
Auch wir kennen das Phänomen, dass wir Nacken- und Rückenschmerzen bekommen, wenn wir häufiger unter Stress stehen.
Ein deutlich hervortretender Unterhals spricht beim Pferd für eine Überaktivitität der Halsstrecker und möglicherweise für zu viel Stress in Training oder im »Alltag« des Pferdes.

Diese Löcher im unteren Hals sind Einrisse der *Pars clavicularis* (Schlüsselbeinrudiment) des Oberarm-Kopf-Muskels.

Punctum mobile der Kopf. Stellt nun ein Reiter mit der Hand den Kopf in einer bestimmten Position fest, ändern sich Punctum fixum und Punctum mobile, und der Oberarm-Kopf-Muskel hebt den Oberarm, statt den Kopf zu senken: Das Pferd geht absolut aufgerichtet und »strampelt« mit den Vorderbeinen – eine Gangart, die man leider bei vielen Auktions- und Turnierpferden sieht und die früher »Metzgerstrab« genannt wurde …
Für diese Aufgabe ist der *M. brachiocephalicus* nicht gemacht und es kommt zu Rissen in der *Pars clavicularis*, dem sehnigen Schlüsselbeinrudiment. Die »Löcher« im Unterhals deuten also auf verbrauchende Bewegungsmuster und Überlastung hin und kommen mitnichten von medizinischen Behandlungen.

Hals direkt vor dem Widerrist verspannt

Viele Pferde haben ein dickes Muskelpaket oben am Halsansatz, das sich von der Region direkt vor dem Widerrist spitz zulaufend bis etwa zur Mitte des Halses erstreckt. Dabei handelt es sich um einen verspannten Halsteil des *M. trapezius* und *M. rhomboideus*.

Die Halsteile dieser Muskeln verlaufen zwischen der Schulterblattgräte bzw. dem Schulterblatt und dem Nackenband und rotieren das Schulterblatt nach vorn. Sie verspannen meist, wenn das Kopfeisen des Sattels hinterm Schulterblatt drückt und das Pferd versucht, dem Druck zu entgehen, indem es das Schulterblatt dauerhaft aus dem Schmerz heraus nach vorn zieht. Wenn der *M. trapezius pars cervicis* verspannt ist, wird sich das Schulterblatt weniger gut nach hinten bewegen können: Das Pferd tritt vorn kürzer und kann mit dem Vorderbein weniger weit nach vorn ausgreifen.

Trainingstipps

Zunächst sollten Sie also versuchen, mögliche Stressfaktoren für Ihr Pferd zu finden und abzustellen. Möchte man einem Pferd den Unterhals »wegtrainieren«,

M. TRAPEZIUS
Trapezförmiger Muskel

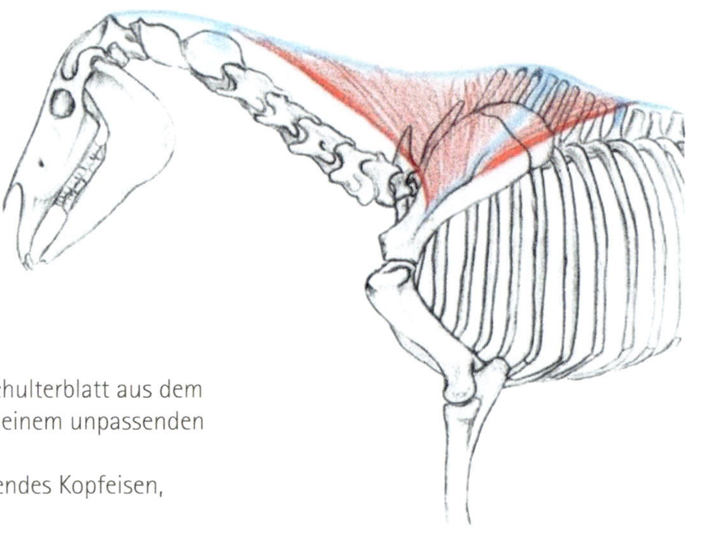

Funktion
Vorführer und Abspreizer (Abduktor) der Schultergliedmaße

Anmerkungen
M. trapezius:
- Halsteil kann verspannt sein, um das Schulterblatt aus dem Schmerzgeschehen zu ziehen, etwa bei einem unpassenden Kopfeisen oder Longiergurt.
- Brustteil verschmächtigt durch unpassendes Kopfeisen, Longiergurt oder Voltigiergurt.

Ursprung **Halsteil:** Nackenband *(Lig. nuchae)*
Brustteil: Rückenband *(Lig. supraspinale)*

Ansatz *Spina scapulae*

muss man die Muskeln der ventralen Muskelkette so auftrainieren, dass ein Gleichgewicht zwischen dorsaler und ventraler Muskelkette entsteht. Der *M. longus capitis* und der *M. longus colli* heben die Halswirbelsäule von unten an und stützen den Übergang zwischen Hals- und Brustwirbelsäule. Die Oberlinienmuskulatur, besonders der *M. splenius*, arbeiten exzentrisch, also in gedehnter Form, gegen die Schwerkraft an und bilden schließlich die »schöne Oberhalslinie«. Auch ein gut auftrainierter Rumpfträger *(M. serratus ventralis)* hebt die Halsbasis an und lässt den Unterhals allmählich verschwinden.

Vorsicht, eine »dressurmäßige« Haltung ist nicht immer sinnvoll und vor allem heißt »Nase eine Handbreit vor der Senkrechten« allein noch nicht, dass das Pferd physiologisch geht: Das Genick kann der höchste Punkt sein, aber dennoch kann das Pferd mit verspannter Oberhalslinie gehen – in der Reitersprache würde man sagen, dass es den Unterhals herausdrückt. In diesem Fall wäre zwar der *M. longus capitis* aktiv, was zu einer Beugung der oberen Halswirbelsäule führen würde, aber nicht der *M. longus colli*, der den Übergang zwischen Hals- und Brustwirbelsäule von unten stützt und optisch für eine schöne Rundung des gesamten Halses sorgt.

Zieht man mit der Hand lediglich den Pferdekopf an die Senkrechte zurück und verkürzt den Hals mit dem Zügel, ohne dass das Pferd den Hals mit dem *M. longus colli* aufwölbt, entsteht eine erhöhte Kompression auf den Übergang zwischen Hals- und Brustwirbelsäule – das Pferd ist absolut aufgerichtet. Folgen der Kompression können Durchblutungsstörungen bis hin zu Stützbeinlahmheiten in den Vorderbeinen sein.

Ist der Reiter gefühlvoll und geschickt und bringt er das Pferd durch ein gutes Zusammenspiel aller Hilfen dazu, sich vom Gebiss abzustoßen – sich also selbst bei feiner Anlehnung in Beizäumung zu halten –, trainiert er die ventrale Muskelkette, die die Halswirbelsäule von unten anhebt und für eine physiologische Halsform sorgt. Allerdings muss das Pferd immer wieder die Möglichkeit haben, sich nach unten zu strecken und die Nase weiter nach vorn zu nehmen, weil es sonst zum Ermüden der Muskeln und zu ungesunden Kompensationsmechanismen kommt. Durch die exzentrische Arbeit der Oberlinienmuskeln wird sich bei einer solchen Reitweise die Oberhalslinie verbessern.

DAS VORDERBEIN

Ein ideales Vorderbein stellen sich Autoren einschlägiger Fachbücher folgendermaßen vor:

Von der Seite:

- Regelmäßige Stellung.
- Ein schräges, langes, breites und gut bemuskeltes Schulterblatt.
- Das Pferd hat einen langen Oberarm, der zum Schultergelenk möglichst einen Winkel von 90 Grad haben sollte.
- Die Ellenbogen sollen weder eng am Rumpf anliegen noch abstehen.
- Der Unterarm sollte stark bemuskelt sein.
- Das Vorderfußwurzelgelenk soll gerade, breit und trocken, weder geschliffen noch gedrosselt sein. Geschliffen bedeutet, dass sich das Karpalgelenk wenig von der Röhre und vom Unterarm abzeichnet. Beim gedrosselten Karpalgelenk ist der Umfang unter der Vorderfußwurzel geringer als über dem Fesselkopf.
- Die Vorderröhre soll gerade und breit mit trockenen Sehnen sein.
- Das kräftige Fesselgelenk soll mit der mittellangen Fessel zum Boden einen 45-Grad-Winkel bilden.
- Der Huf soll gleichmäßig sein und zum Fesselstand passen.

Von vorne:

- Regelmäßige Stellung, der lineare Typ steht eher bodeneng, der laterale Typ eher bodenweit.

OFFEN ODER GESCHLOSSEN BEURTEILEN?

Um die Stellung der Vorderbeine korrekt beurteilen zu können, muss das Pferd, anders als bei der Musterung, geschlossen aufgestellt werden. Nur so können Vor- und Rückständigkeit beurteilt werden und auch, ob das Pferd beide Fesselköpfe gleichmäßig belastet oder ein Fesselgelenk schont, was sich durch eine nach vorne gebrochene Fessel-Zehen-Achse zeigt. So wird auch vermieden, dass das Pferd eine Kompensationshaltung zeigt, also das zu schonende Bein nach vorne abstellt, um es zu entlasten.

Bei der Aufstellung des Pferdes zur Exterieurbeurteilung muss man außerdem darauf achten, dass das Pferd nicht in diese Haltung geschoben oder gezogen wird. Man kann dadurch eine falsch rück- oder vorständige Stellung oder eine regelmäßige Stellung trotz vielleicht vorhandener Stellungsproblematiken »ermogeln«. Am besten hält man das Pferd an und lässt ihm einige Zeit um sich selbst auszubalancieren. Oft ist es sinnvoll, das Pferd mehre Male anzuführen und anzuhalten. Wenn es einen manifesten Stellungsfehler hat, wird es ihn nach kurzer Zeit immer wieder einnehmen. Bei der Betrachtung von der Seite und von vorn sollten beide Vorderbeine parallel nebeneinanderstehen. Pferde in aufgerichteter Haltung haben ihren Körperschwerpunkt etwas mehr nach hinten verlagert und zeigen im Halten eine Tendenz zur Rückständigkeit, ein extremes Beispiel ist die beidseitige Rückständigkeit vieler hochaufgerichteter Friesen. Ein Pferd mit langem geraden Hals hat meistens durch den nach vorne verlagerten Schwerpunkt eine regelmäßige Stellung.

STELLUNGSFEHLER VORSTÄNDIG

Beidseits vorständiges Stehen ist die typische Haltung von Hufrehepatienten ab Stadium 2. Steht Ihr Pferd vorständig, sollten Sie also abklären, ob es unter der schmerzhaften Erkrankung des Hufbeinträgers leidet.

Wenn das Pferd sich immer mit einem Vorderbein vorständig hinstellt, ist das ein Hinweis auf eine Stützbeinproblematik in diesem Bein. Es reduziert mit dieser Haltung die Belastung des Beins und kompensiert so eine Fesselgelenksarthrose, eine Reizung der Beugesehnen oder des Fesselträgers. Auch die Gleichbeine und der Fesseltrageapparat

Eine beidseits vorständige Haltung ist ein Alarmsignal für Hufrehe.

können so entlastet werden. Man sollte in diesem Fall aber auch an eine Schulter- oder Ellenbogengelenksproblematik, die zum Beispiel durch ein Trauma, eine Entzündung oder Arthrose verursacht wird, denken. Der Grund: In dieser Haltung werden die Gelenke aus der Belastungsachse des Körpers genommen und man sollte sich fragen, warum das Pferd das tut.

STELLLUNGSFEHLER RÜCKSTÄNDIGKEIT

Beidseits rückständige Stellung

Die rückständige Stellung der Vorderbeine entsteht durch einen Hypertonus (eine gesteigerte Muskelspannung in Ruhe) des *M. latissimus dorsi*, dem breiten Rückenmuskel.

Der *M. latissimus dorsi* entspringt aus der Rückenlendenbinde, der *Fascia thoracolumbalis*, und setzt innen an der Mitte des Oberarms an. Im Hangbein zieht er das Vorderbein nach hinten. Seine eigentliche Funktion ist aber in der Stützphase zusammen mit dem *M. triceps brachii*, dem Ellenbogenstrecker, ein stabiles Punctum fixum zu bilden, über das das Pferd mit seinem Nacken-Rückenband-System den Rumpf energieeffizient über das stehende Bein ziehen kann. So erklärt sich auch die Länge der *Fascia thoracolumbalis*, die aus dem Rückenband entspringt und vom dritten Brustwirbel bis an die Beckenschaufel und an das Kreuzbein zieht. Bei einem normalen Spannungszustand des Muskels bleibt das Vorderbein in einer regelmäßigen Stellung. Ein Hypertonus (erhöhter Spannungszustand) des *M. latissimis dorsi* zieht das Bein in Abhängigkeit seiner Spannung mehr oder weniger in die Rückständigkeit.

Wie kommt es zu einer erhöhten Spannung des *M. latissimus dorsi*?

Man kann im Schritt beobachten, dass das Pferd mit dem Hals, abhängig von seiner Rasse und von seinem Exterieur, eine mehr oder weniger ausgeprägte

M. LATISSIMUS DORSI
Breiter Rückenmuskel

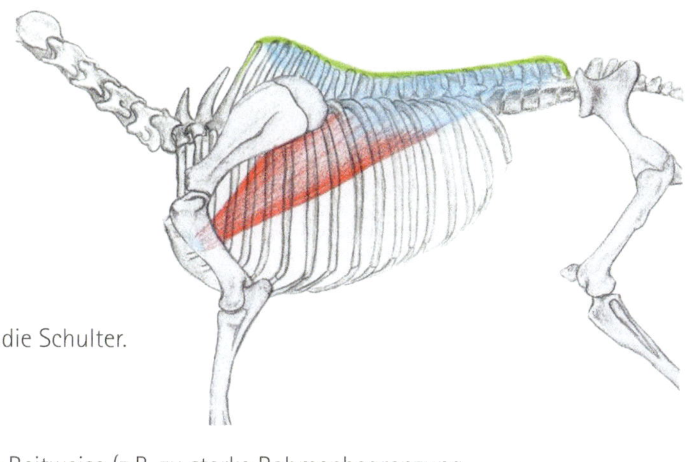

Funktion im Hangbein:
- Rückführer der Gliedmaße
- Beugung im Schultergelenk

Funktion im Stützbein:
- Zieht den Rumpf im Standbein über die Schulter.
- Innenrotation des Schultergelenks

Anmerkungen
- Wichtiger Indikatormuskel bezüglich Reitweise (z.B. zu starke Rahmenbegrenzung, ohne dass das Pferd Schubkraft in der Hinterhand entwickelt hat) und Equipment (z.B. unpassendes Kopfeisen am kaudalen Schulterblattwinkel).
- Bei zu starker Ausprägung dieses Muskels wird die Vordergliedmaße rückständig mit Tendenz der Innenrotation.

Ursprung Dornfortsatzband ab dem 3. Brustwirbel
Rückenlendenbinde

Ansatz runde große Rauigkeit des Oberarms *(Tuberositas teres major humeri)*

Viele Friesen zeigen im Schritt eine paradoxe Halsbewegung nach oben-hinten.

Diese Friesenstute steht auf dem Foto beidseits rückständig. Steht ein Pferd häufig oder gar immer in dieser Haltung, spricht das für einen hypertonen breiten Rückenmuskel.

Nickbewegung nach vorn und eine weniger deutliche Pendelbewegung nach jeweils rechts und links ausführt.

Eine Ausnahme ist hier der Friese, der oft eine paradoxe Halsbewegung nach oben vollführt, um seine eindrucksvolle Vorführphase des Vorderbeines mit dem *M. brachiocephalicus* (siehe Kapitel zum Hals) zu unterstützen.

Durch das Senken des Halses verlagert das Pferd seinen Schwerpunkt nach vorn. Die Nickbewegung des langen Halses spannt das Nackenband, das am Hinterhauptsbein ansetzt und im Rückenband endet, welches über der Brust- und Lendenwirbelsäule bis zum Kreuzbein von einem Dornfortsatz zum anderen verläuft. Der Zug des Nackenbands spannt durch das Absenken des Kopfes das Rückenband. Dabei werden Brust- und Lendenwirbelsäule ineinandergeschoben und wie ein Stab stabilisiert.

Ein Hinweis auf den nach vorne gerichteten Zug sind die nach kopfwärts zeigenden Nasen an den Dornfortsätzen vor allem im Bereich der Lendenwirbel. Der Zug nach vorn lässt die gesamte stabilisierte Wirbelsäule energieeffizient über das aufgesetzte Vorderbein gleiten. So entsteht die Vorwärtsbewegung durch eine Schwerpunktverlagerung und der *M. latissimus dorsi* wird nur zur Stabilisierung des Vorderbeins eingesetzt. Wenn durch die Reiterhand oder durch Ausbindezügel die Halslänge künstlich verkürzt wird, ohne dass die entsprechende Schubkraft der Hinterbeine bereits entwickelt wurde, muss das Pferd sich muskulär über das Vorderbein

Im Galopp muss das Pferd den LSÜ öffnen, deshalb bewegt es natürlicherweise Kopf und Hals im Takt deutlich nach oben.

ziehen. Es wird nicht mehr von dem jetzt entspannten Nacken- und Rückenband unterstützt. Der breite Rückenmuskel wird hyperton.

Wenn junge Pferde ohne Einflussnahme von Reiter oder Hilfszügel traben, ändert sich die Kopf- und Halshaltung. Sie tragen den Kopf etwas höher und starrer. Dies verstärkt sich, je höher das Trabtempo ist. Die Nick- und Pendelbewegungen sind nicht mehr sichtbar, da die Trittfrequenz der Beine zu hoch dafür ist. In der Natur benutzt das Pferd den Trab schon als Fluchtgangart und Flucht ist immer mit einer Erhöhung des Sympathikotonus, das bedeutet mit einer Anspannung der dorsalen Muskelkette, verbunden. Aber auch jetzt läuft das Pferd mit seinem langen Hals seinem Schwerpunkt hinterher und der Rücken wird nun zusätzlich mit dem Nacken-Rückenband durch die Rückenmuskulatur gehalten. Erst beim Trab in Aufrichtung wird dieses System unterbrochen und der *M. latissimus dorsi* muss vermehrt arbeiten.

Im Galopp muss das Pferd mit beiden Hinterbeinen unter den Körper springen. Damit dies möglich ist, muss das Pferd den Übergang zwischen Lendenwirbelsäule und Kreuzbein, den lumbosakralen Übergang (LSÜ), beugen können. Würde bei tiefer Halshaltung das Nacken-Rückenband gespannt, würde diese Öffnung verhindert. So sieht man, dass das Pferd natürlicherweise im Galopp Kopf und Hals deutlich im Takt nach oben bewegt. Das geschieht genau in dem Moment, in dem beide Hinterbeine unterspringen.

Durch das Anheben des Kopfes entspannt das Pferd das Nacken-Rückenband und deblockiert den LSÜ. Nur so ist ein Unterspringen der Hinterbeine mit der nötigen Aufwölbung der Lendenwirbelsäule möglich. Wenn die Hinterbeine untergesprungen sind, vor allem in der Einbeinstütze hinten, senkt das Pferd den Hals und zieht so wie im Schritt schon beschrieben mit dem Seilzugsystem Nacken-Rückenband den Rumpf über das hintere Stützbein. Wieder absolut effizient und schonend für die Muskulatur der Hinterhand. Wenn ihm durch eine reiterlich erzeugte Rahmenverkürzung das Langmachen des Halses nicht möglich ist, muss der *M. latissimus dorsi* den Rumpf des Pferdes nach vorne ziehen.

Warum Rückständigeit kein reiner Schönheitsfehler ist

Bei einem rückständigen Pferd verändert sich die Belastung im Stand und in der Stützphase im Fesselgelenk mehr nach hinten als nach hinten-unten. Dadurch werden der Fesselträger und die Gleichbeine vermehrt belastet und es kann so zu Schäden an diesen Strukturen kommen.

Das Pferd ist beidseitig rückständig

Wenn ein Pferd auf beiden Vorderbeinen rückständig steht ist dies oft ein Hinweis darauf, dass sein Hals zu früh reiterlich oder durch Hilfszügel verkürzt wurde, ohne dass es bereits über eine entsprechende Schubkraft der Hinterbeine verfügte. Beidseitige Rückständigkeit kann auch rassebedingt sein bzw. auch schon bei ungerittenen Jungpferden vorkommen. Trotzdem ist es wichtig, das Pferd so zu trainieren, dass es weniger rückständig wird, um Fesselträger und Co. nicht schon im Stand unphysiologisch zu belasten.

Pferd einseitig rückständig

Bei einem einseitig rückständigen Pferd kommen häufig zwei Ursachen infrage: die natürliche Schiefe oder eine Schwäche im kontralateralen Hinterbein. Wenn die Ursache in der natürlichen Schiefe des Pferdes liegt, dann ist das linke Vorderbein durch die mangelnde Schubkraft des rechten Hinterbeins entstanden. Ist das rechte Vorderbein betroffen, muss man an eine Stützbeinproblematik im linken Hinterbein denken, die es abzuklären gilt.

Steht ein Pferd immer mit einem Vorderbein rückständig, ist der *M. latissimus dorsi* besonders auf dieser Seite hyperton.

Trainingstipp: Beim einseitig rückständigen Pferd muss dringend an der Geraderichtung gearbeitet werden mit einem entsprechenden Training und vielleicht einem anderen Fütterungsmanagement. Das rechte Hinterbein sollte auftrainiert werden, indem man Wert darauf legt, dass das Pferd auf der rechten Hand mindestens genauso oft und gut gebogen läuft wie links. Wer vorwiegend ins Gelände reitet, sollte dringend darauf achten, dass das Pferd auf beiden Händen galoppiert. Übertreten von links nach rechts kräftigt die Adduktoren des rechten Hinterbeins und das Bein wird bei regelmäßigem Training immer mehr Richtung Körpermitte fußen und sich auftrainieren.

EIN SCHRÄGES, LANGES, BREITES UND GUT BEMUSKELTES SCHULTERBLATT

Der Rumpf des Pferdes ist über Faszien und Muskeln mobil an beiden Schulterblättern aufgehängt. Je rumpfiger und schwerer das Pferd ist, umso größer ist das Schulterblatt, um eine stabile Aufhängung zu gewährleisten. Hier geht es vor allem um Stabilität und nicht um Mobilität. Man kann bei einem Kaltblüter keine phantastische Trabverstärkung erwarten.

Ob ein Schulterblatt eher steil oder schräg steht, ist zum einen von der

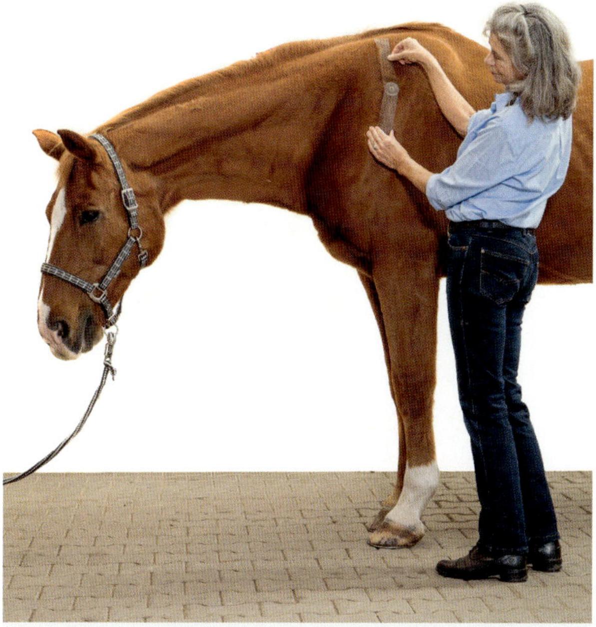

Das Schulterblatt des Hannoveraners wirkt bei tiefer Kopf-Hals-Haltung steiler...

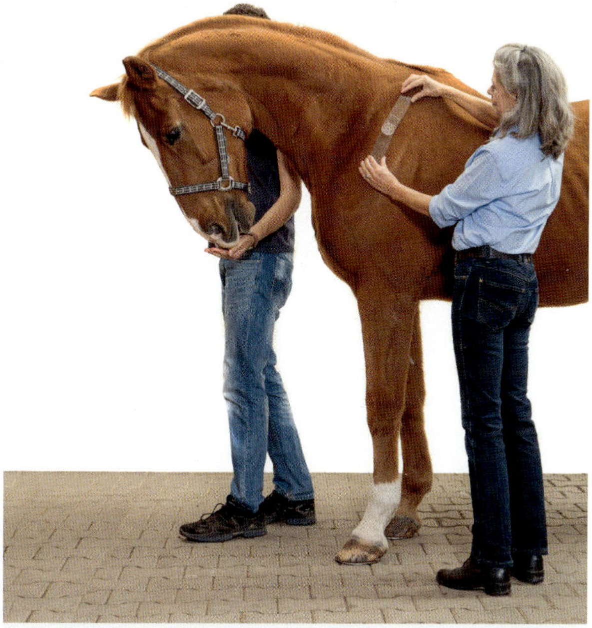

...als bei höherer Kopf-Hals-Haltung.

Stellung der Vorderbeine abhängig: Ein rückständiges Vorderbein macht eine steile Schulter, ein etwas vorgestelltes Vorderbein eine schrägere. Zum anderen ist die Stellung des Schulterblatts auch von der Halshaltung abhängig. Wenn das Pferd in der Dehnungshaltung steht, wird das Schulterblatt durch die Dehnung der Halsanteile der *Mm. trapezii* und *rhomboidei*, die am Nackenband entspringen, durch deren Spannung nach vorne gedreht und steht steil. Wird das Pferd in aufgerichteter Haltung aufgestellt, fällt der Zug dieser beiden Muskelteile nach vorne weg und die Schulterblattspitze gleitet nach hinten. Allein dadurch entsteht bereits ein schräges Schulterblatt.

Eine steile Schulter kann auch durch ein unpassendes Kopfeisen oder durch z.B. komprimierende Longiergurte entstehen. Um das Schulterblatt von dem Druck zu befreien, zieht das Pferd das Schulterblatt mit den Halsteilen der *Mm. trapezii* und *rhomboidei* aktiv nach vorn (siehe Kapitel zum Hals). Häufig sieht man am hinteren Schulterblattrand Muskelatrophien (Muskelverschmächtigungen), die auf zu viel Druck durch das Kopfeisen hinweisen.

Die vom Schulterblatt kommenden Muskeln bewegen und vor allem stabilisieren von außen und innen das Schultergelenk. Das Schultergelenk ist ein schwieriges Gelenk, da es sich ganz besonders im Spannungsfeld zwischen Mobilität und Stabilität befindet. Es ist ein Kugelgelenk, das bedeutet, es kann sich beugen und strecken, aber auch das Vorderbein nach außen und innen drehen sowie das Vorderbein zum Körper hin- und wegführen. Es wird vor allem von den Muskeln, die am Schulterblatt entspringen, geführt. Um mobil zu sein gibt es keine Seitenbänder, kurze und straffe Muskeln dienen stattdessen als dynamische Stabilisatoren.

Die schwierigste Stabilisation ist die Beugehaltung des Schultergelenks von 70 bis 90 Grad gegenüber dem Oberarm. Der Schwerkraft folgend oder auch in der Stützbeinphase darf das Schultergelenk nicht nach vorne herausspringen, sondern muss seinen Winkel halten und das sogar beim Landen in der Einbeinstütze bei einem Steilsprung mit Reitergewicht. Auch in der passiven Testung des Schultergelenks ist bei Beugung und Streckung nur eine Bewegung von ca. 10 Grad in die Streckung und Beugung möglich, völlig anders als bei uns Menschen. Diese enorme stabilisierende Leistung übernimmt der *M. bicpes brachii*, dessen Fasern zur Hälfte aus Muskelfasern und zur anderen Hälfte aus starken Faszienfasern besteht.

M. BICEPS BRACHII
zweiköpfiger Muskel des Armes

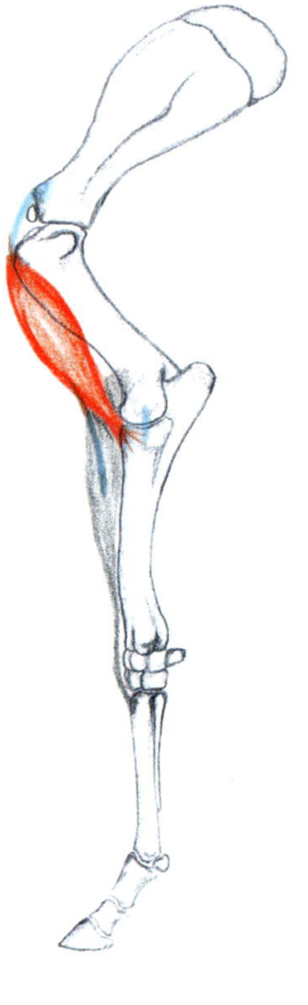

Funktion
- Streckung Buggelenk
- Beugung Ellenbogengelenk

Anmerkungen
Hat einen hohen Anteil an straffen, kollagenen Fasern.

Ursprung *Tuberculum supraglenoidale scapulae*

Ansatz *Tuberositas radii*
Mit dem ***Lacertus fibrosus*** in den ***M. extensor carpi radialis*** einstrahlend

Auch der am vorderen Schulterblattrand sich abzeichnende *M. subclavius*, der vom vorderen Schulterblatt entspringt und über das Schultergelenk hinweg zum Brustbein zieht, ist für die Stabilisation des Schultergelenks wichtig. Spannt er sich an, zieht er das Schulterblatt am oberen Rand nach vorne und sichert so die Haltung im Schultergelenk und die Verbindung des Gelenkes über seinen Ansatz am Brustbein an den Rumpf. Ist dieser Muskel gut ausgebildet, ist das ein Hinweis auf eine gute Schulterstabilität.

Hier befindet sich der *M. subclavius*. Er stabilisiert das Schultergelenk.

M. SUBCLAVIUS
Unterschlüsselbeinmuskel

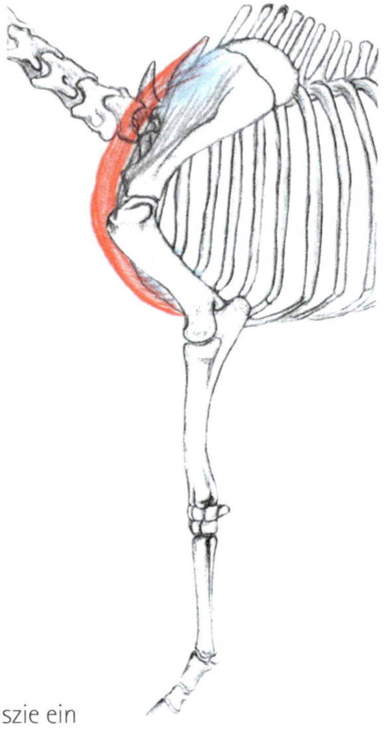

Funktion

- Fixator der *Scapula am Sternum*
- stabilisiert den Schulterwinkel

Anmerkungen

Stabilisiert das Schultergelenk in Extension.

Ursprung Brustbein und 1.-4. Rippenknorpel

Ansatz strahlt in den *M. supraspinatus* und in die Schulterfaszie ein

Dieser Muskel entwickelt sich erst durch Training des Pferdes. Ist er erstarkt, kann das Pferd mit einer aufgerichteten Halshaltung geritten werden, ohne dass die Schulter sich schräg stellt und somit instabil wird. Auch für das Landen in der Einbeinstütze im Galopp und vor allem beim Springen ist dies von größter Wichtigkeit. Eine Schultergelenksentzündung oder -arthrose sowie Muskelrisse könnten sonst die Folge sein. Leider gibt es einige Therapeuten die, warum auch immer, diesen Muskel mit speziellen Handgriffen entspannen wollen, wobei die Pferde oft deutliche Abwehrbewegungen zeigen. Damit riskieren sie die Schulterstabilität des Pferdes.

WARUM IST EIN LANGER OBERARM POSITIV?

Der Oberarm des Pferdes ist ganz anders als beim Menschen relativ kurz, kürzer als das Schulterblatt und sehr stabil mit vielen Knochenvorsprüngen.

Die großen Knochenvorsprünge sind Ansätze von starken Muskeln, deren Züge den Knochen dort verstärken und verformen: *Form follows function.*

Die Schubkraft des Vorderbeins entsteht aus dem Schulterblatt, dem Schulter- und dem Ellenbogengelenk, das auch sehr stabil ist und große Knochenvorsprünge wie den Ellbogenhöcker aufweist. Im Stand, abhängig von der Vorderbeinstellung und der Halshaltung, sollte der Winkel zwischen Schulterblatt und Oberarm möglichst 90 Grad betragen. Wenn sich das Pferd physiologisch bewegt, dreht es in der Stützbeinphase mit der Nickbewegung des Halses über das sich anspannende Nackenband und durch die Spannung der Halsteile des *M. rhomboideus* und des *M. serratus ventralis* das Schulterblatt nach vorn. Der Schultergelenkswinkel öffnet sich und damit stabilisiert sich das Schultergelenk in die Streckung. Durch die Drehung des Schulterblatts wird der Oberarm in das in der Streckung fest verriegelte Ellenbogengelenk gedrückt und so wird der Schub des Vorderbeins entwickelt.

Ein längerer Oberarm entwickelt einen größeren Schub, das bedeutet eine größere Schrittamplitude. Das Pferd zieht sich mit dem Nacken-Rückenband-System energieeffizient über das stabilisierte Vorderbein.

Die Situation ändert sich, wenn die Halswirbelsäule sich verkürzt oder verkürzt wird und die Nickbewegung des Halses nicht mehr stattfindet. Das Schulterblatt stellt sich durch die Entspannung des Nackenbands schräger, der Schultergelenkswinkel verkleinert sich und das Schultergelenk muss mit mehr Muskelkraft stabilisiert werden. Jetzt muss der *M. subclavius* die Schultergelenksstabilisation übernehmen und der *M. triceps brachii* das Ellenbogengelenk feststellen. Das bedeutet, dass ein stark entwickelter *M. triceps brachii* ein Hinweis auf eine zu starke Rahmenverkürzung sein kann.

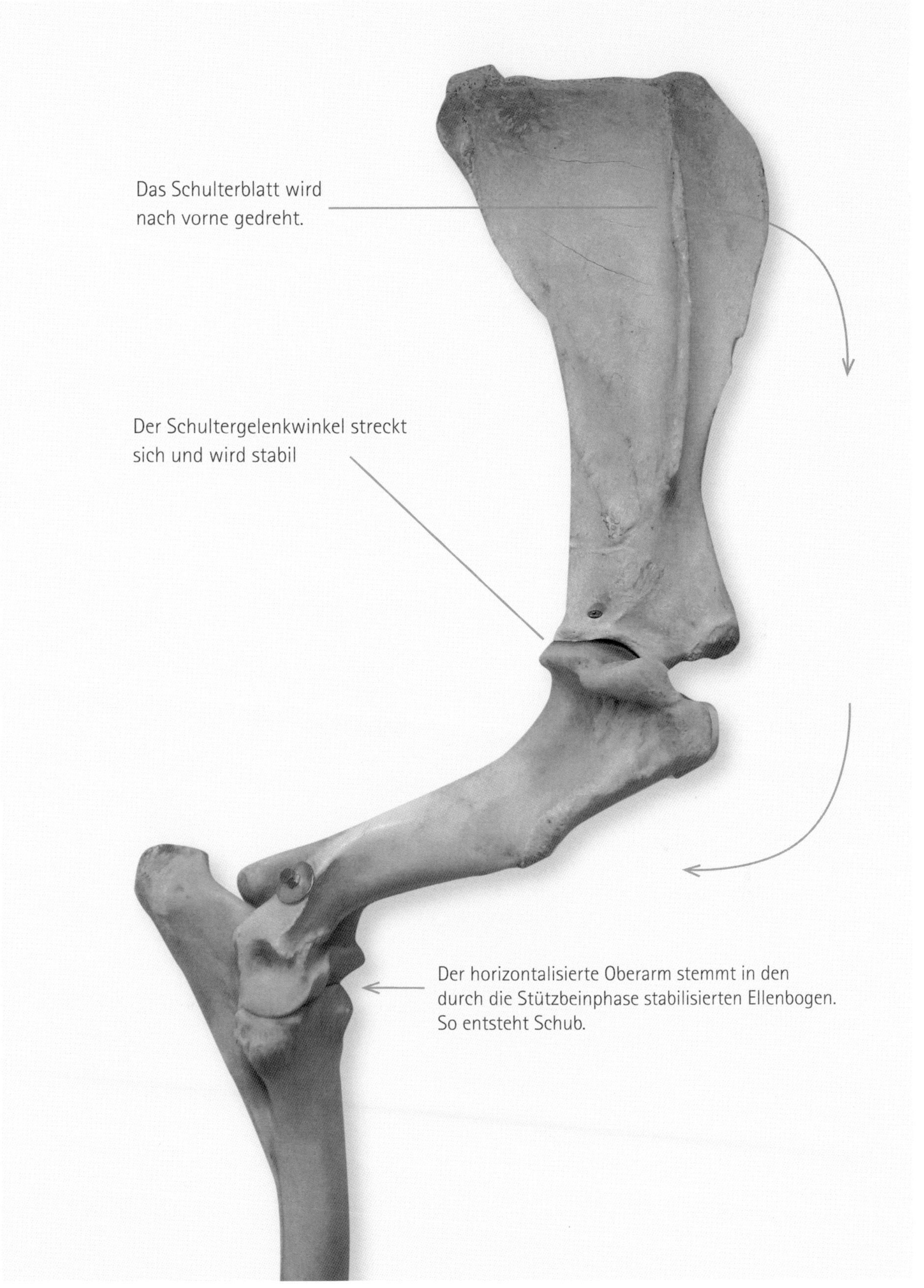
Das Schulterblatt wird
nach vorne gedreht.
Der Schultergelenkwinkel streckt
sich und wird stabil
Der horizontalisierte Oberarm stemmt in den
durch die Stützbeinphase stabilisierten Ellenbogen.
So entsteht Schub.

Der Ellenbogen

Wenn der Ellenbogen zu stark anliegt und so Probleme am Sattelgurt macht, ist dies ein Zeichen, dass der *M. latissimus dorsi* hyperton ist. Da er ja innen am Oberarm ansetzt, zieht er bei Spannung den Oberarm an den Rumpf. Nimmt seine Spannung stärker zu und sein Synergist, der tiefe Brustmuskel *(M. pectoralis profundus)*, wird auch hyperton, wird das Schultergelenk in die Innendrehung, die Innenrotation, gezogen. Dann steht der Ellenbogen nach außen ab und dies ist ein Hinweis auf eine fehlerhafte Innenrotation des Vorderbeins.

Der Unterarm sollte stark bemuskelt sein

Wichtig ist die gleichmäßige Bemuskelung des rechten und linken Unterarms. Ist ein Unterarm weniger bemuskelt, was man besonders an den Karpal- und Zehengelenkstreckern sieht, ist das ein Hinweis auf die Schonung des Beines. Vielleicht gibt oder gab es eine Stützbeinproblematik auf dieser Seite oder das Pferd wurde sehr unausgeglichen trainiert.

M. PECTORALIS PROFUNDUS
Tiefer Brustmuskel

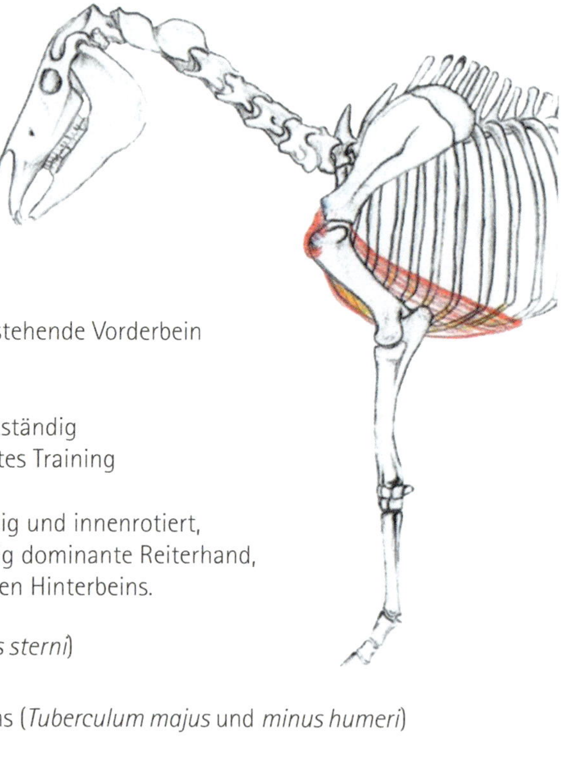

Funktion

- Adduktion und Innenrotation
- Stabilisator des Schultergelenks
- **In der Hangbeinphase:** Rückführer der Gliedmaße
- **In der Stützbeinphase:** zieht den Rumpf über das stehende Vorderbein

Anmerkungen

- **Beidseitiger Hypertonus:** Gliedmaßen werden rückständig und innenrotiert, z.B. bedingt durch unausbalanciertes Training (etwa zu starke Rahmenbegrenzung).
- **Einseitiger Hypertonus:** Gliedmaße wird rückständig und innenrotiert, z.B. bedingt durch unausbalanciertes Reiten, einseitig dominante Reiterhand, natürliche Schiefe, Schwäche des gegenüberliegenden Hinterbeins.

Ursprung
- Brustbein (*Manubrium sterni* und *Corpus sterni*)
- 4. bis 9. Rippe seitlich

Ansatz großes und kleines Höckerchen des Oberarms (*Tuberculum majus* und *minus humeri*)

VORDERFUSSWURZELGELENK

Von der Seite ist die gerade Stellung des Vorderfußwurzelgelenks, des Karpalgelenks, von größter Bedeutung. Rückbiegigkeit oder das »Kalbsknie« sind ein Hinweis auf schwache Beugesehnen, einen schwachen Fesselträger und Fesseltrageapparat. Sie stützen das Karpalgelenk nicht von hinten, so dass es zu einer Überstreckung kommt. Das geschieht schon bei einer leichten Überstreckung ab 5 Grad.

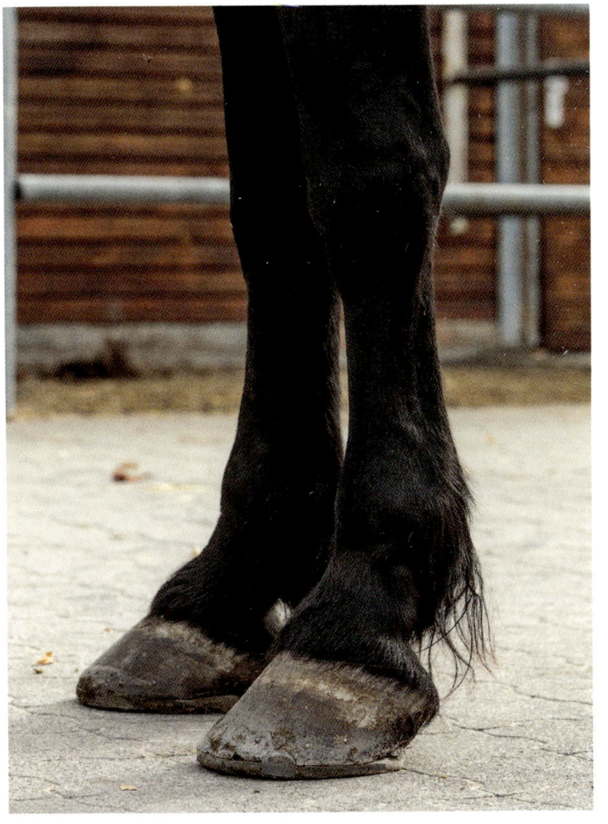

Dieses Pferd ist im Karpalgelenk rückbiegig, also überstreckt, was auf eine schwache Beugesehne hindeutet.

M. EXTENSOR CARPI RADIALIS
Radialer Handstrecker

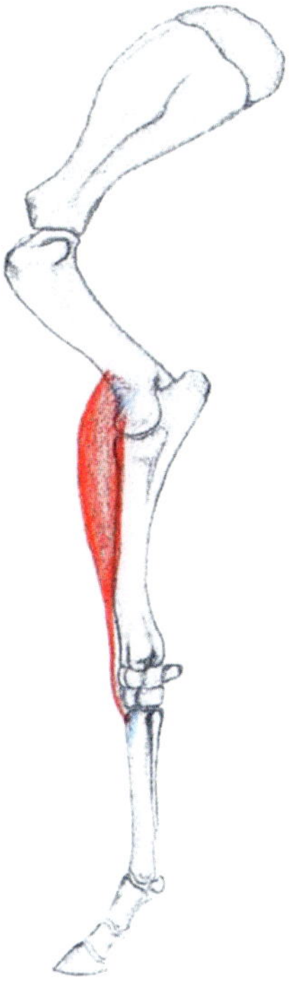

Funktion
- Karpalgelenksstrecker
- Ellbogengelenksbeuger im Hangbein

Anmerkungen
- Kennmuskel für Schonung eines Beins (Verschmächtigung)

Ursprung
- seitliche Leiste über dem Gelenkknorren des Oberarms *(Crista supracondylaris lateralis humeri)*
- Vertiefung der Speiche *(Fossa radialis)*

Ansatz unterhalb des Vorderfußwurzelgelenks

Dieses leicht vorbiegige Karpalgelenk wird mit dem Gelenkmesser vermessen.

Weiterlaufend kommt es oft zu einer starken Belastung des Fesselgelenks in die Überstreckung.

Trainingstipp: Das Pferd hat noch schwache Faszien und sollte über mindestens ein halbes Jahr vor allem in der Dauermethode im Schritt und etwas im Trab in Dehnungshaltung gearbeitet werden, damit es zu einer ausreichenden Faszienreifung kommen kann. Die Fortschritte kann man an der Stellung des Karpalgelenkes und an der verminderten Durchtrittigkeit im Fesselgelenk erkennen. Oft zeigen die Pferde in dieser Situation in der Ganganalyse eine Trachtenfußung, fußen also mit dem hinteren Teil der Hufe auf.

Ein vorbiegiges Karpagelenk deutet dagegen auf eine zu starke Belastung der Faszienstrukturen und auch des Fesselgelenkes hin. Das Pferd zeigt durch die Vorbiegigkeit oder auch »Kniehängigkeit« an, dass es eine oder mehrere der folgenden Strukturen entlastet: das Fesselgelenk, die Gleichbeine, den Fesselträger und/oder die Beugesehnen.

Wenn das Pferd beim Gehen in der Stützbeinphase unter Belastung das Karpalgelenk nicht mehr ganz strecken kann, besteht eine Unterstützungsbandkontraktur der tiefen Beugesehne, eine sehr hartnäckige und auch durch Schonung nur sehr schwer umkehrbare Problematik. Die Rehabilitation kann bis zu zwei Jahren dauern. In der Ganganalyse sieht man hier im Schritt oft eine Zehenfußung, da das Pferd so versucht, die Belastung und Dehnung der überbeanspruchten Strukturen zu vermeiden.

Die Gefahr für den Reiter bei einem vorbiegigen Karpalgelenk besteht darin, dass das Pferd stolpert, weil es die Stellung des Beins rein muskulär halten muss. Zudem ermüdet es schneller. Stellen Sie sich vor, Sie müssten die ganze Zeit mit gebeugten Knien stehen oder gar laufen.

Trainingstipp: Ein deutlicher Hinweis für eine Überforderung nach einer Trainingseinheit ist, wenn das Pferd anschließend leicht vorbiegig steht. Dann war diese Trainingseinheit zu viel und die nächsten zwei bis drei Tagen sollte nur mit unterschwelligen Reizen wie Schritt am langen Zügel oder leichter Trabarbeit in Dehnungshaltung gearbeitet werden.

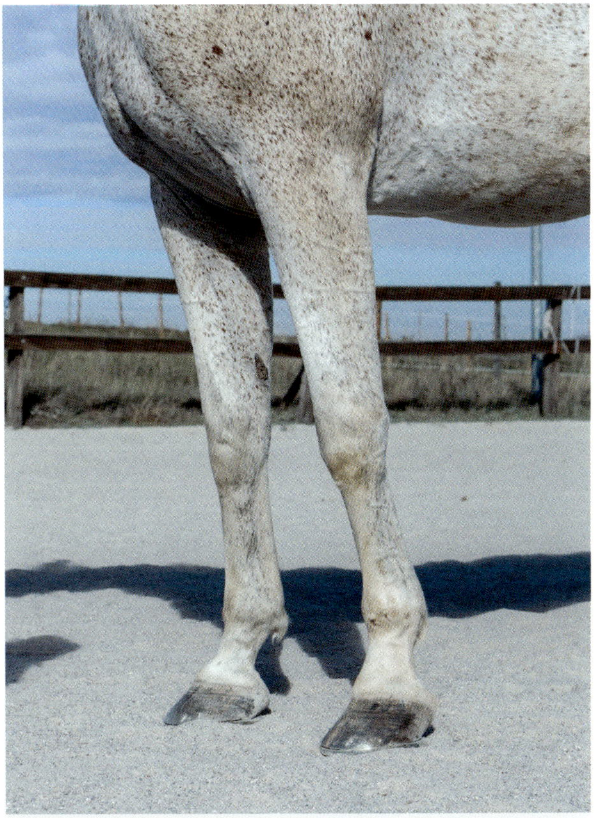

Besonders das linke Vorderbein dieses ehemaligen Springpferds ist durch frühere Überlastung vorbiegig.

DIE VORDERRÖHRE

Wenn das Karpalgelenk im Stand korrekt gehalten wird, ist auch die Vorderröhre gerade. Bei einem rückbiegigen Pferd steht sie dagegen etwas bogenförmig nach hinten, während sie bei einem vorbiegigen Pferd im oberen Bereich nach vorne gerichtet steht. An den Sehnen sollten keine lokalen Verdickungen oder großflächigere Verquellungen zu erkennen sein. Ein Sehnenbogen oder eine »Wade« sind ein Hinweis auf eine schwerwiegende Sehnenerkrankung mit einer stark eingeschränkten Nutzbarkeit des Pferdes.

DAS FESSELGELENK

Der angestrebte 45-Grad-Winkel zum Boden wäre die ideale Stellung des Fesselgelenks, denn so wird die einwirkende axiale Kraft im Stand und in der Bewegung durch zwei einwirkende Kraftvektoren recht gleichmäßig auf das Fesselgelenk und den Fesselträger mit den Gleichbeinen verteilt.

Problematisch für das Fesselgelenk wird die nach vorne oder hinten gebrochene Fessel-Zehen-Achse. Die nach hinten gebrochene Zehenachse kann durch eine schwache Faszienreifung, das bedeutet schwache Sehnen und Bänder, entstehen. Manchmal ist dies kombiniert mit einem rückbiegigen, auch dezent rückbiegigen, Karpalgelenk. In dieser Position wird mehr der Fesselträger als das Fesselgelenk belastet und der Huf bekommt mehr Druck auf den Trachten. Diese haben so einen vermehrten Abrieb und die Situation manifestiert sich durch die Entwicklung eines spitzen Hufes.

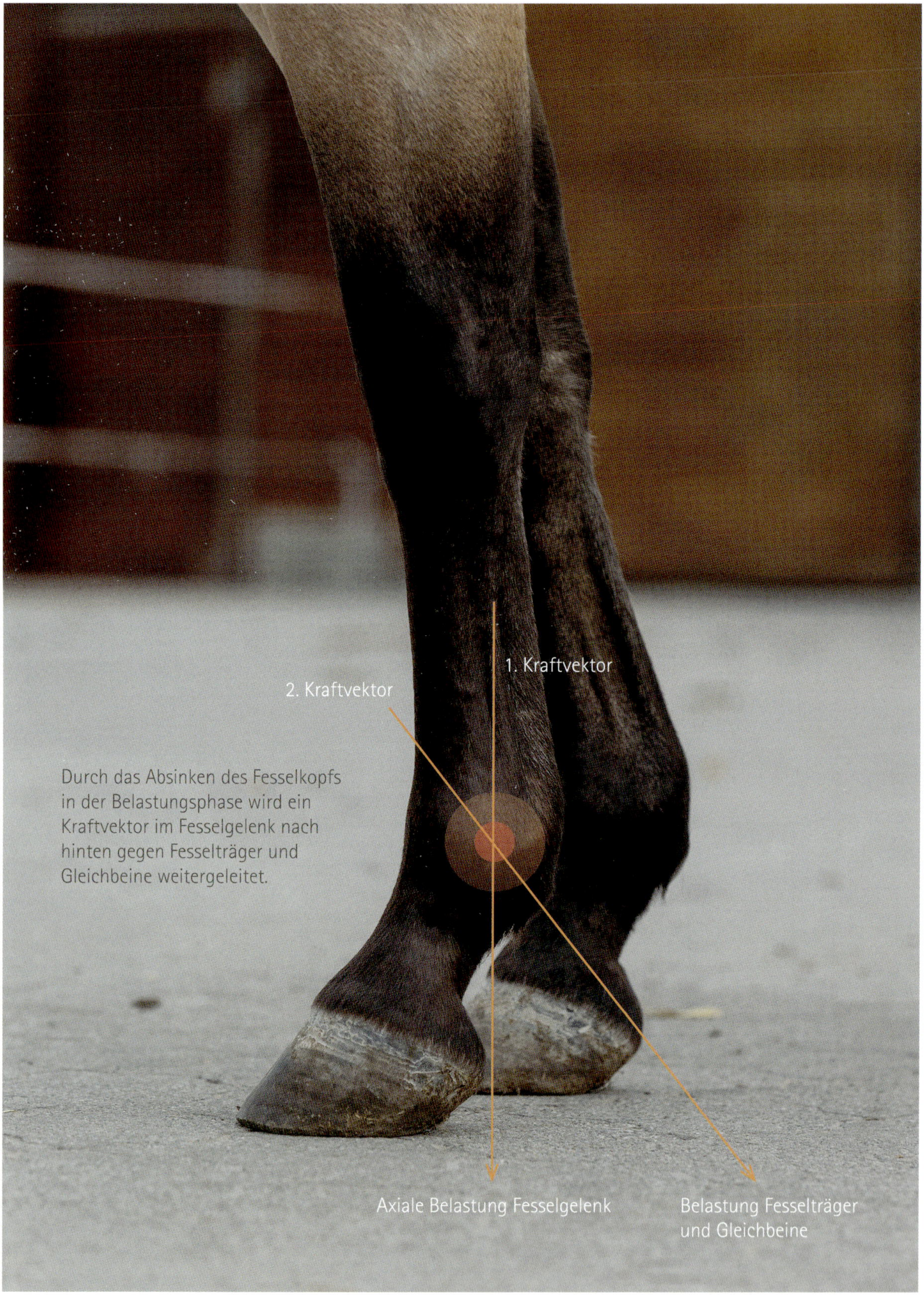

Durch das Absinken des Fesselkopfs in der Belastungsphase wird ein Kraftvektor im Fesselgelenk nach hinten gegen Fesselträger und Gleichbeine weitergeleitet.

Trainingstipp: Hier ist ein kontrolliertes Faszienaufbautraining in der Dauermethode im Schritt und Trab in Dehnungshaltung des Pferdes nötig mit der entsprechenden Erarbeitung der korrekten Hufbalance. So kann sich die Fessel-Zehen-Achse wieder aufrichten und die Trachten können sich regenerieren.

Die nach vorne gebrochene Zehenachse stellt das erheblich größere Problem dar. Oft ist es eine kompensatorische Haltung des Pferdes, um strapazierte Sehen, den Fesselträger, die Gleichbeine oder den Fesseltrageapparat zu entlasten. Hierbei wirkt der Kraftvektor in der Belastungsphase vermehrt auf das Fesselgelenk und so kann es dort zu arthrotischen Veränderungen kommen. Das Kron- und Hufgelenk wird mehr gestreckt und erfährt so eine stärker belastende und verbrauchendere Kompression als in der normalen oder bei einer nach hinten gebrochenen Fessel-Zehen-Achse. Der Huf wird mehr in Richtung Hufspitze belastet und die Entlastung der Trachten führt durch deren Wachstum zu einer steileren Hufform, durch die die nach vorne gebrochene Fessel-Zehen-Achse sich manifestiert. Der Katapulteffekt wird durch die verminderte Durchtrittigkeit mit dem reduzierten Stretch der Sehnen eingeschränkt und es entstehen steifere, stampfende Gänge.

Bei der Vorbiegigkeit im Karpalgelenk wird die Fessel-Zehen-Achse nach vorne gebrochen. Das verändert die

Eine nach vorne gebrochene Fessel-Zehen-Achse –> vermehrte Belastung auf das Fesselgelenk. Entlastung von Beugesehnen und Fesselträger. Die Hauptlast liegt auf dem vorderen Kraftvektor (gerader Pfeil).

Eine nach hinten gebrochene Fessel-Zehen-Achse –> vermehrte Belastung des Fesselträgers. Gleichbein, Beugesehnen. Die Hauptlast liegt auf dem hinteren Kraftvektor (schräger Pfeil).

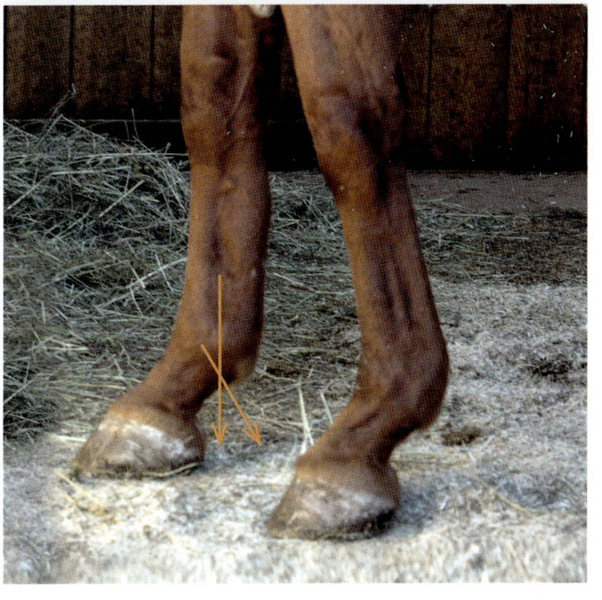

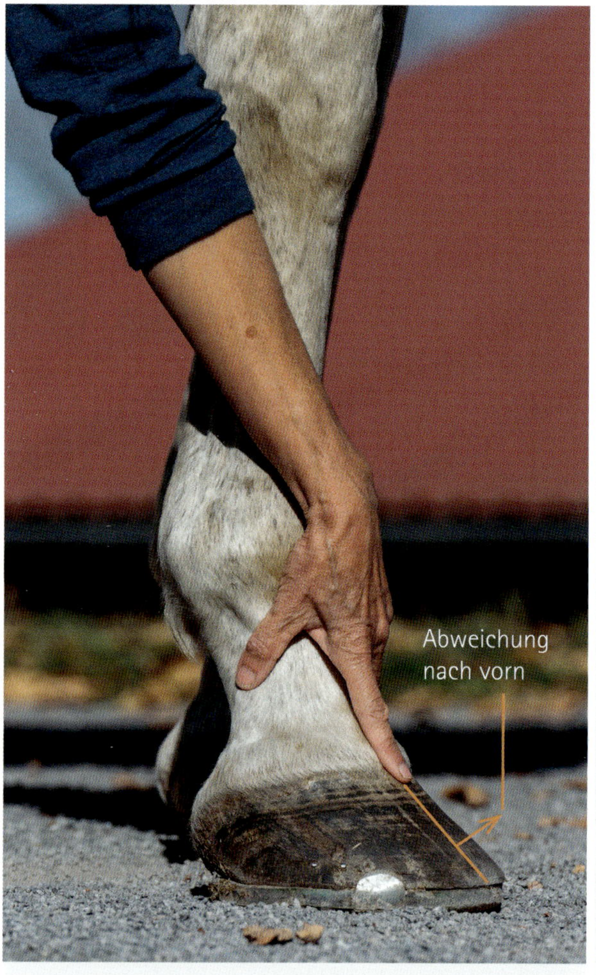

So kontrolliert man, ob der Huf der Stellung des Hufgelenks entspricht.

Gelenkstellung von Fessel-, Kron- und Hufgelenk und kann weitergehend zur hohen Krongelenksschale, einer pathologischen Knochenzubildung um das Krongelenk, führen. Das Krongelenk richtet sich durch die nach vorne gebrochene Zehenachse auf und entfernt sich somit vom Hufknorpel. Dieser ist aber mit Bändern am Kronbein befestigt. So entsteht ein konstanter Zug auf den Hufknorpelbändern, da das Hufbein mit dem Huf am Boden bleibt. Durch diese dauerhafte Zugbelastung reagieren die gedehnten Bänder mit einer Kalzifizierung (krankhafte Verhärtung) und einer Knochenhautentzündung an ihrem Ursprung. Man kann diese Veränderung durch eine Verdickung des Kronbeins sehen und auch die Verfestigung seitlich als Nasen an den Hufknorpeln testen.

Gallenbildung am Fesselgelenk sind mehr als Schönheitsfehler, denn sie weisen auf zumindest eine einmalige Überbelastung der Sehnen und des Fesselgelenkes hin.

Ob ein Huf entsprechend der Hufgelenksstellung wächst oder bearbeitet wird, kann man daran erkennen, wenn man einen Finger an die ersten zwei Zentimeter des Kronsaumrandes anlegt. Die vordere Hufwand sollte im entsprechenden Winkel nach vorne weiter verlaufen. Dann stimmt die Hufbearbeitung mit der Stellung des Hufgelenkes überein. Gibt es schnabelförmige Abweichungen nach vorne, so ist die Hufbalance entglitten und die Abrollbewegung der Zehe erschwert.

VON VORN: REGELMÄSSIG, BODENENG, BODENWEIT

Bei der Betrachtung der Vorderbeine von vorn ist die Symmetrie der Gliedmaßen wichtig. Der lineare Typ steht eher bodeneng, vielleicht mit der Tendenz zehenweit, um die Hufe wieder

Der Huf wird dort steiler, wo er vermehrt belastet wird – ähnlich einem Plastikbecher, den man an einer Stelle eindrückt.

zur besseren Balance unter die Schultergelenke und somit unter den Körper zu bekommen. Der laterale Typ mit der breiten Brust steht eher bodenweit, dabei aber oft mit einer zehenengen Stellung. So erreicht er seine Balance und hat die Hufe unter den Schultergelenken. Bei der Betrachtung von vorne steht das Pferd geschlossen, der Hals sollte gerade gehalten werden.

Hufstellung

Man beginnt bei den Hufen. Diese sollten symmetrisch sein und keine Hornspalten oder -ringe aufweisen, da diese auf Statikprobleme und Futterumstellungen oder -probleme hinweisen. Ein gut trainiertes und geradegerichtetes Pferd hat zwei gleiche, in der Hornkapsel harmonische Hufe. Ist ein Huf kleiner als der andere so ist dies ein Hinweis auf eine schon längere bestehende Schonung dieses Beines. Ist ein Huf auf einer Seite steiler und zeigt auf der anderen Seite eine schräge Hufwand und/oder einen Zehenabweiser, so wird dieser Huf nicht korrekt belastet. Die Belastungsspitze ist an der steilen Seite, die schräge Seite wird entlastet.

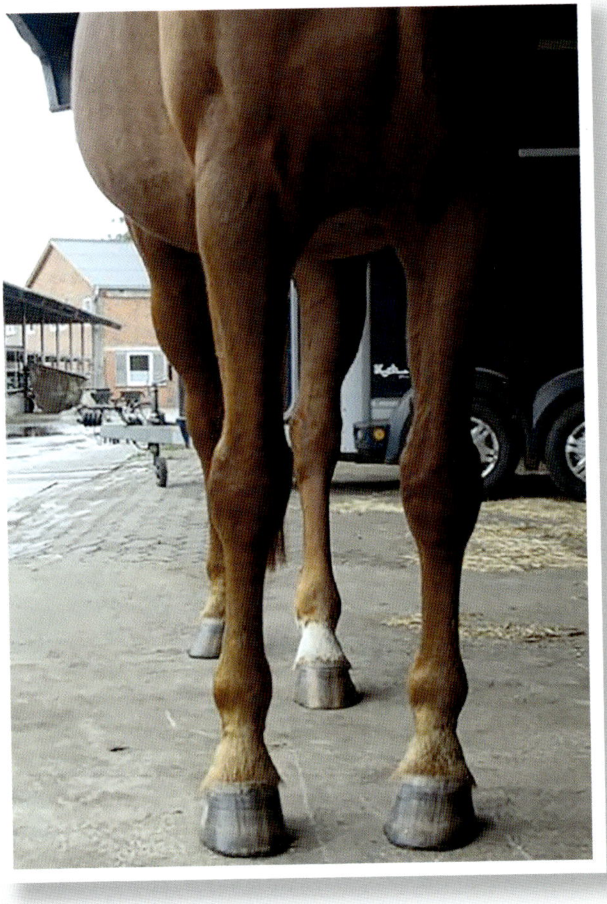

Die Vorderbeine dieses ehemaligen Springpferds sind beide nach innen rotiert.

Die Dauer der Fehlbelastung kann man an der Hufform ablesen. Ist sie nur in der Höhe des Kronsaumrandes, so ist es noch eine kurzzeitige Problematik, die vielleicht erst vor zwei bis vier Monaten entstanden ist. In dem Fall sollte man Trainingsveränderungen erfragen und korrigieren. Geht die steile Seite bis zum Boden, besteht die Fehlbelastung schon länger und die Rehabilitation und Korrektur des falschen Bewegungsmusters wird länger dauern.

An der Stellung der Karpalgelenke kann man die Haltung der Vordergliedmaße im Schultergelenk erkennen. Häufig sieht man, bedingt durch die natürliche Schiefe, links ein etwas nach innen gedrehtes Schultergelenk, meistens kombiniert mit einer steileren Hufwand auf der Innenseite dieses Vorderbeins. Daran kann man die Ausprägung der natürlichen Schiefe erkennen. Die Innendrehung in der Schulter, die sich im Karpalgelenk zeigt, entsteht durch einen Hypertonus des *M. pectoralis profundus*. Dieser ist ein Synergist zum *M. latissimus dorsi* und hilft bei Rahmenverkürzung des Halses mit mangelnder Schubentwicklung der Hinterbeine, den Rumpf über das Vorderbein zu ziehen. Durch seinen Verlauf wird bei Spannungszunahme des Muskels das Schultergelenk nach innen gedreht.

Trainingstipp: Ist dies, wie häufig z.B. links der Fall, kann das Pferd seinen Vorderhuf nicht mehr gerade aufsetzen. Das führt besonders in der Längsbiegung oder Wendung nach rechts zu Problemen. Das Pferd lehnt sich über das Schultergelenk mit dem Brustkorb über das nach innen gedrehte Bein, um die geforderte Längsbiegung zu erreichen, und belastet so das Schultergelenk vermehrt, wobei sich die Innendrehung in diesem Gelenk durch die Drehung des Brustkorbs noch mehr verstärkt. Zur Gesunderhaltung des Pferdes muss es dringend geradegerichtet werden, da sonst das linke Vorderbein durch die Fehlstellung verschleißt.

Ob ein Bein stärker als das andere entlastet oder weniger trainiert wird kann man an der Trophik (Ernährungs- und Wachstumszustand des Muskels) des *M. extensor carpi radialis* beurteilen, da man ihn sehr gut an beiden Vorderbeinen miteinander vergleichen kann (siehe weiter vorn) in diesem Kapitel. Ist er auf einer Seite schwächer ausgebildet, wird diese Gliedmaße geschont oder ist weniger trainiert.

Bei der Betrachtung der Schultergelenke von vorne zusammen mit der Brustmuskulatur sollte man besonders auf Muskelverletzungen in diesem Bereich achten. Pferde haben dort häufig Verletzungen, durch Trittverletzungen oder Unfälle. Sind es starke Verletzungen, ist oft der *M. brachiocepahlicus* und auch der darunter liegenden *M. biceps brachii* betroffen und das Pferd zeigt eine diskrete bis deutlich Hangbeinlahmheit, es führt das betroffene Bein weniger vor.

Die Trophik der Brustmuskulatur sollte man besser im Schritt beobachten, da schon eine geringe Entlastung des Vorderbeins oder eine Halshaltung zu einer Seite den Spannungszustand dieser Muskeln stark verändern kann. Im Schritt kann man den Spannungszustand der Brustmuskulatur gut erkennen.

Oft zeigt ein regelmäßig stehendes Pferd erst in der Bewegung eine überraschend bodenenge Fußung. Hier sollte man schon an einen Hypertonus des *M. pectoralis profundus* denken, der häufig in Kombination mit einer rückständigen Vorderbeinstellung auftritt. Das kann auf ein unausbalanciertes Training mit mangelnder Schubentwicklung des Hinterbeins hinweisen.

DER RÜCKEN

Wie der Rücken eines Pferdes aussieht verrät eine Menge über das Equipment, das Training, das Alter und die Belastbarkeit des Pferdes.

ANATOMIE DER WICHTIGSTEN STRUKTUREN

Die Brust- und Lendenwirbelsäule bilden das knöcherne Gerüst des Pferderückens und -rumpfes. Die Brustwirbelsäule besteht aus 18 Wirbeln mit jeweils 18 Rippen auf jeder Seite. Die acht vorderen Rippen sind mit dem Brustbein verbunden (sternale Rippen), die hinteren zehn (asternale oder Atmungsrippen) besitzen keine Verbindung zum Brustbein. Die Wirbelkörper der Brustwirbelsäule sind relativ kurz und haben besonders im Widerristbereich ausgeprägte Dornfortsätze.

Pferde haben sechs Lendenwirbel. Die Wirbelkörper sind etwas größer als die der Brustwirbel und besitzen ausgeprägte Querfortsätze.

Die Wirbel (auch die der Halswirbelsäule) besitzen vordere und hintere Gelenkfortsätze. Ein hinterer Gelenkfortsatz des vorangegangenen Wirbels und ein vorderer Gelenkfortsatz des folgenden bilden die sogenannten Facettengelenke.

Der Widerrist

Die Form des Widerrists wird wesentlich von der Anatomie des zweiten bis neunten Brustwirbels und von der Bein- und Halslänge bestimmt. Je länger die Dornfortsätze, desto ausgeprägter der Widerrist. Da die Form immer der Funktion folgt, ist leicht zu erraten, warum Pferde mit langem Hals einen ausgeprägten Widerrist besitzen: An den Dornfortsätzen der Brustwirbel setzt das Nackenband an. Sie weisen schweifwärts, bilden also ein Gegengewicht zum abgesenkten Kopf-/Halsbereich. Bei jedem Senken des Halses kommt (physiologischer) Zug auf die Dornfortsätze – je länger also der

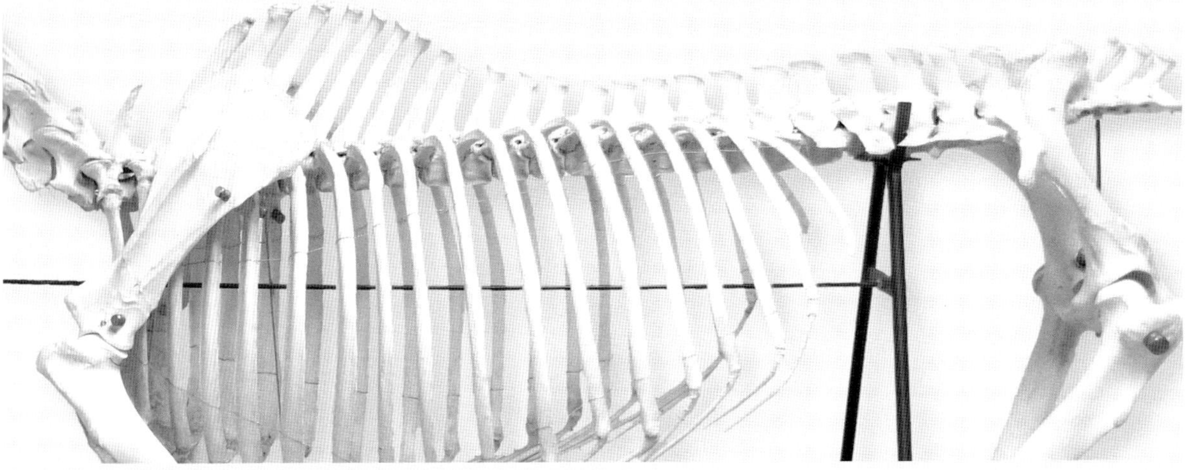

Das Pferd besitzt 18 Brust- und sechs Lendenwirbel.

Halshebel ist, desto länger sind die Dornfortsätze im Widerristbereich.

Wie ausgeprägt der Widerrist eines Pferdes ist, hängt neben der Anatomie des Halses und der Dorfortsätze von der Spannung der Widerristbinde *(Fascia spinocostotransversalis)*, vom Training des Rumpftrageapparates und vom Equipment ab. Je höher die Faszienspannung, desto trockener wirken auch die Strukturen im Hals- und Rückenbereich – der Widerrist tritt deutlich hervor. Ist der Rumpfträger (siehe Abschnitt zum Rumpftrageapparat) gut trainiert, kann man den Widerrist ebenfalls deutlicher zwischen den Schulterblättern hervortreten sehen. Ausgeprägt heißt aber nicht knochig – der Widerrist eines gut trainierten Pferdes wird von Muskulatur umgeben. Hier liegen sechs verschiedene Muskeln übereinander, von denen der *M. spinalis* der fleischigste ist (siehe Abschnitt zum Equipment).

Ein scheinbar »ausgeprägter« Widerrist entsteht aber auch oft durch ein zu enges Kopfeisen des Sattels (siehe Abschnitt zum Equipment). Dann atrophiert die Muskulatur im Bereich des hinteren Schulterblattwinkels und der Widerrist ist deutlicher zu sehen.

Ob ein »ausgeprägter Widerrist« also positiv oder negativ zu bewerten ist, kann man nur individuell auf das jeweilige Pferd bezogen beantworten. Sinnvoll ist auch, den Widerrist im Seitenvergleich anzuschauen.

Der Rumpftrageapparat

Der Rumpf des Pferdes ist nicht durch knöcherne Strukturen mit den Vordergliedmaßen verbunden, er wird nur durch Muskeln und bindegewebige Strukturen »gehalten«. Der untere Sägemuskel *(M. serratus ventralis)* stellt die stärkste Verbindung des Rumpfes mit dem Vorderbein dar. Er besteht aus zwei Anteilen: Der halswärtige Anteil zieht von den Querfortsätzen des vierten bis siebten Halswirbels an die Facies serrata, eine Fläche auf der Innenseite des Schulterblatts. Der brustwärtige Anteil verbindet die Facies serrata mit den ersten acht bis neun Rippen. Der *M. serratus ventralis* ist der wichtigste Rumpfträger. Er wirkt wie ein Stoßdämpfer, indem er das Rumpfgewicht etwas abfedert, sodass es nicht ungebremst in die unteren Gelenke geht und Beugesehnen, Fesselträger oder Hufrollensystem unphysiologisch belastet. Gerade Reitpferde brauchen einen gut trainierten *M. serratus ventralis.*
Bei manchen exzessiv trainierten Pferden kann der Rumpf dennoch tief zwischen den Schulterblättern hängen, denn man kann den Rumpfträger auch überlasten. (Ehemalige) Springpferde haben beispielsweise manchmal einen übertrainierten, gezerrten oder durch Muskelfaserrisse geschwächten Sägemuskel.

M. SERRATUS VENTRALIS

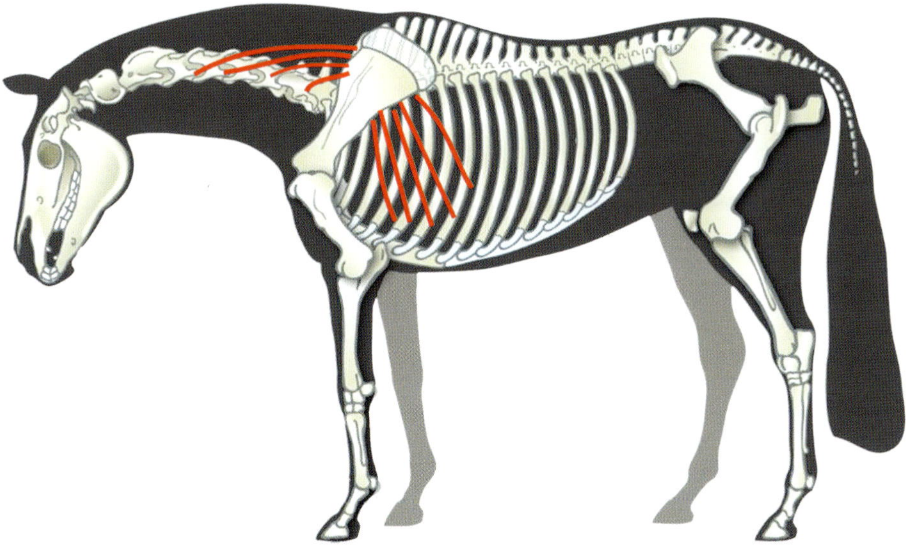

Der Trainingszustand des Rumpfträgers hat großen Einfluss auf die Rückenlinie.

Diese junge Stute besitzt wachstumsbedingt noch eine ansteigende Rückenlinie.

RÜCKENLINIEN

Ideal wäre eine gerade Rückenlinie. Dann sind dorsale und ventrale Kette ausgeglichen, der Rumpfträger gut trainiert und die Winkelung der Hinterhand physiologisch.

Ansteigende Rückenlinie

In der Warmblutzucht wünscht man sich eine leicht ansteigende Rückenlinie: »... hinter dem Widerrist leicht nach unten geschwungene Rückenlinie« steht in der Satzung des Hannoveraner-Verbands von 2012. Das sehen wir aus mehreren Gründen etwas kritisch:

Wenn der Rücken vorn überspitzt gesagt etwas tiefer »hängt« als hinten, spricht das möglicherweise für einen schwachen Rumpftrageapparat.
Jedes Pferd, das keinen gut trainierten *M. serratus ventralis* hat, wird eine mehr oder weniger stark nach hinten ansteigende Rückenlinie haben: Der Rumpf und damit der Widerrist hängt in der Muskulatur und dem Fasziennetz des Rumpftrageapparats zwischen den

Vordergliedmaßen. Ein schlecht trainierter Rumpfträger kann seine Funktion als Stoßdämpfer nicht erfüllen und die Gefahr von Sehnen- und Fesselträgerproblemen steigt.

Völlig physiologisch ist eine ansteigende Rückenlinie beim Jungpferd. Pferde wachsen bis zu ihrem sechsten Lebensjahr, allerdings nicht immer gleichmäßig. Mal schießt die Hinterhand mehrere Zentimeter nach oben, dann, Wochen später, die Vorhand. Das Jungpferd ist in diesem Moment hinten »überbaut«. In dieser Phase rutscht der Sattel nach vorn und das Pferd ist empfindlicher im Rücken. Häufig springen Jungpferde im Wachstumsschub in den Kreuzgalopp oder klemmen. Darauf sollten Reiter Rücksicht nehmen und die Remonte nur wenig oder auch mal ein paar Tage bis Wochen gar nicht unterm Reiter bewegen.

Karpfenrücken

Eine ansteigende Rückenlinie kommt auch zustande, wenn das Pferd übertrainierte Bauchmuskeln hat. Der gerade Bauchmuskel *(M. rectus abdominis)* verläuft von unten an der vierten Rippe bis zum Schambein. Ist er angespannt oder durch viel Training sehr stark, wölbt er den Rücken im hinteren Teil der Lendenwirbelsäule. Der Rücken wirkt kürzer und die Rückenlinie steigt ebenfalls nach hinten an. Gleichzeitig ist das Becken abgekippt und die Kruppe abgeschlagen (siehe Abschnitt zur Kruppe).

Dieses junge Fahrpferd hat einen Karpfenrücken.

Hochgeschürzter Bauch

Die Extremform von zu viel Bauchmuskelspannung kommt bei Renn-, Vielseitigkeits- oder Distanzpferden vor, die sehr viel Galopptraining absolvieren und/oder häufig unter starkem Stress stehen. Die Bauchmuskeln werden so hyperton, dass die Bauchlinie sich nach oben wölbt. Pferde mit hochgeschürztem Bauch neigen zu Koliken, weil die Verdauungsorgane durch die straffe Bauchmuskulatur komprimiert werden.

Gemälde eines Englischen Vollbluts mit tendenziell hochgeschürztem Bauch (Bild: John Wootton (1686-1765))

Steile Sprunggelenkswinkel

Sind die Winkel der Hinterhand (oft trainingsbedingt) eher steil, streckt sich die Hinterhand und das Pferd wirkt deshalb hinten höher. Oft liegt das an einer verspannten bzw. übertrainierten Hosenmuskulatur (siehe Abschnitt zur Hinterhand). Das ist kein Schönheitsfehler, sondern führt zu diversen Folgeproblemen wie beispielsweise Spat.

Trainingstipps für Pferde mit ansteigender Rückenlinie

Durch gezieltes Training kann auch ein älteres Pferd im Widerristbereich um mehrere Zentimeter wachsen. Den *M. serratus ventralis* trainiert man über Trabarbeit, denn hierbei muss er aktiv an- und abspannen, um den Rumpf, überspitzt formuliert, davor zu bewahren, durch die Vorderbeine durch auf den Boden zu krachen. Auch im Galopp muss er sehr aktiv sein, allerdings muss er dann das gesamte Rumpfgewicht plus Beschleunigungskräfte in der vorderen Einbeinstütze abfedern, was einen untrainierten Sägemuskel überfordern kann.

Hängt das Pferd sehr zwischen seinen Schulterblättern, trainiert man es acht Wochen jeden zweiten Tag am besten ausschließlich ohne Reitergewicht an der Longe in Dehnungshaltung oder nimmt es auf Ausritten als Handpferd mit. Das Pferd sollte mehrere Minuten am Stück durchtraben.

Beim Longieren sind häufige Handwechsel und der Wechsel von geraden und gebogenen Linien wichtig, unter anderem, um das innere Vorderbein nicht zu verschleißen.

Warum trainieren wir zunächst ohne Reitergewicht?

Das hat zwei wichtige Gründe: Erstens ist es sinnvoll, das Pferd erst zu reiten, wenn der Rumpfträger bereits einen gewissen Trainingszustand hat. Andernfalls kracht nicht nur das Rumpfgewicht praktisch ungebremst ins Fesselgelenk, sondern auch das Gewicht des Reiters. Ein Pferd, das seinen eigenen Rumpf nicht »tragen« kann, ist auch nicht in der Lage, einen Reiter zu tragen. Der Trainingsreiz für den Rumpfträger wäre mit Reitergewicht schlicht zu stark und der Reiter riskiert im schlimmsten Fall Sehnenprobleme oder Hufrollenbefunde.

Zweitens verhindert ein unpassender Longiergurt oder der bisher genutzte Sattel des Pferdes, dass sich die Rückenlinie positiv verändert. Sobald das Pferd im Widerristbereich nach oben federn möchte, wird das bisherige Kopfeisen es möglicherweise daran hindern. Nach dem Aufbautraining sollte der Sattler kommen und den Sattel auf die »neue« Rückenlinie anpassen.

Hat das Pferd aufgrund hypertoner Bauchmuskeln eine ansteigende Rückenlinie, sollte der Reiter den Fokus auf das Training der dorsalen Kette legen: Das Pferd sollte eher »entsammelnd« geritten

Trabarbeit ist Rumpfträgertraining. Dressurausbilderin Katharina Möller und ihr Knabstrupper Taranis.

werden, also für eine Zeitlang weniger in Längsbiegung, Seitengängen und Galopp gearbeitet werden. Auch sollte der Reiter seinen Schenkel- oder Sporeneinsatz hinterfragen, denn der Einsatz von Schenkelhilfen und Sporen sorgt für ein Anspannen der Bauchmuskulatur. Die Rückenstreckerkette muss arbeiten, wenn das Pferd geradeaus geritten wird und immer wieder die Tritte verlängern muss. Der Trab wäre auch bei diesem Problem die geeignete Gangart, da viel Galopp die ohnehin hypertonen Bauchmuskeln noch mehr trainiert.

Senkrücken

Der Senkrücken ist das Gegenteil des Karpfenrückens und besonders des hochgeschürzten Bauches. Er entsteht oft, wenn das Pferd zu wenig Bauchmuskelspannung hat. Das Darmkonvolut wiegt je nach Pferdegröße bis zu über 200 Kilogramm. Dazu kommen bei Zuchtstuten noch das Gewicht der Gebärmutter und des Fohlens oder bei wenig trainierten und zu gut gefütterten Pferden das Gewicht des viszeralen Fettgewebes. Die Bauchmuskulatur, die den Rücken von unten gegen die

Bei einer verspannten thorakolumbalen Faszie sieht man häufig Muskellöcher an dieser Stelle.

Schwerkraft und das Reitergewicht stützen müsste, ist hypoton, also zu wenig trainiert.

Die Brustwirbelsäule, die sich normalerweise in leichter Beugestellung befindet, sinkt dann allmählich mehr in Richtung Streckung. Dadurch schließen sich die Facettengelenke (siehe Kapitel zum CTÜ), was die Zwischenwirbellöcher engstellt und zu Nervenirritationen führen kann. Außerdem kommen sich die Dornfortsätze der Brustwirbelsäule näher und die Gefahr von sich berührenden Dornfortsätzen (Kissing Spines) steigt. Bei starkem Senkrücken gerät auch das ventrale Längsband, eine Struktur unterhalb der Wirbelkörper, unter Zug und es kann zu schmerzhaften Läsionen kommen.

Auch ein verspannter breiter Rückenmuskel *(M. latissimus dorsi)* und/oder eine verspannte Rücken-Lenden-Binde *(Fascia thoracolumbalis)*, aus der der *M. latissimus dorsi* entspringt, kann einen Senkrücken verursachen.

Die *Fascia thoracolumbalis* bedeckt die ganze Sattellage und zieht sich bis zum Becken. Sie kommt unter zu starke Spannung, wenn sie irritiert wird. Dafür könnte zu häufiges Reiten, unpassendes Equipment (Selett, Longiergurt oder Sattel) oder ein unausbalancierter oder schwerer Reiter verantwortlich sein. Faszienverklebungen sind fast immer schmerzhaft. Schmerz wiederum bringt die Faszie noch mehr unter Spannung.

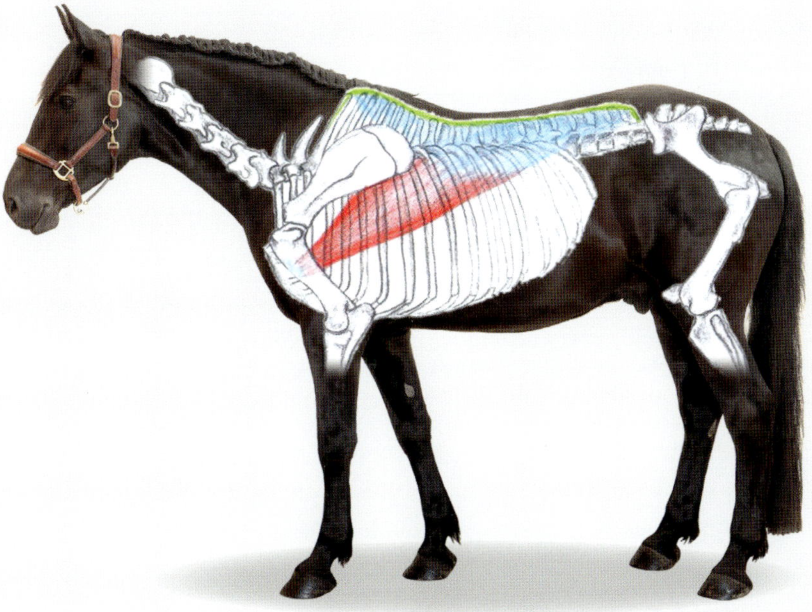

Der *M. latissimus dorsi* entspringt aus der großflächigen Rücken-Lenden-Binde.

Der Tiefpunkt des Senkrückens liegt meist direkt unter dem Schwerpunkt des Reiters. Wenn die Wirbelsäule im Bereich der mittleren Brustwirbelsäule und der vorderen Lendenwirbelsäule in Streckung absinkt, ändert sich die Bewegungsphysiologie in den Wirbelgelenken in diesem Bereich, besonders was Seitneigung und Drehung betrifft. Das führt zu einer Stauchung der Gelenke im Gipfelpunkt der Streckung, die Schmerzen verursachen kann. Das Pferd wird daraufhin mit der Hinterhand weniger Schub entwickeln. So muss die Vorhand mehr Arbeit für die Vorwärtsbewegung leisten, was dort wiederum zu Verschleißerscheinungen in Form von Beugesehnenreizungen, Fesselgelenkproblemen und Hufrollenproblematiken führen kann. Wenn die Hinterhand zu wenig Schub entwickelt, bildet sich beidseits ein zu starker breiter Rückenmuskel *(M. latissimus dorsi)*, da dieser nun den Rumpf über die Vorhand ziehen muss. Dieser Muskel entspringt aber mit einem breiten Ansatz an der *Fascia thoracolumbalis* – das Problem verschärft sich. Muss der *M. latissimus dorsi* mehr Arbeit leisten, zieht er bei seiner Kontraktion vermehrt an seinem Ursprung und der Rücken wird dabei in Streckung gezogen. Zudem nimmt durch die vermehrte Arbeit der Muskeltonus zu und es entsteht ein konstanter Zug auf der Rücken-Lenden-Binde. Die Muskelverspannung schränkt die Vorführphase der Vorderbeine des Pferdes ein, das Pferd beginnt steifer zu gehen oder kann den Raumgriff nur noch mit weggedrücktem Rücken vergrößern.

M. RECTUS ABDOMINIS
Gerader Bauchmuskel

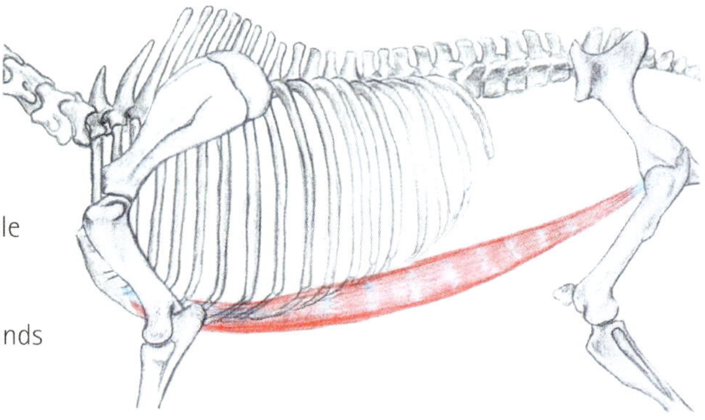

Funktion
- Flexion (Aufwölben) der Wirbelsäule
- Stabilisation der Brust- und Lendenwirbelsäule
- Träger der Baucheingeweide
- bei gutem Trainingszustand Unterstützung des Rückens und des bauchwärtigen Längsbands
- Kippt das Becken.

Anmerkungen
- Verändert durch Beckenkippung die Kruppenstellung (schräg/steil).
- Verstärkt kraniale Phase des Hinterbeins und vergrößert dessen Schubkraft.

Ursprung 4. bis 9. Rippenknorpel

Ansatz *Tendo praepubicus* (eine quer über dem Schambein verlaufende Sehne)

M. OBLIQUUS EXTERNUS ABDOMINIS
Äußerer schiefer Bauchmuskel

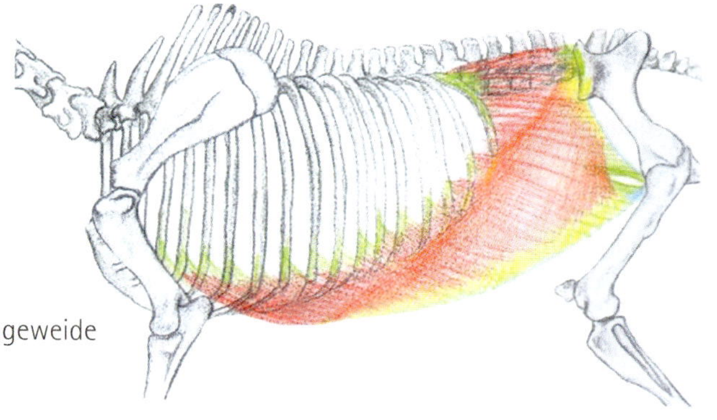

Funktion
Gemeinsam mit den anderen Bauchmuskeln:
- Bauchpresse
- kontraktionsfähiger Tragegurt/Tragen der Eingeweide
- Expirationsmuskel (hilft beim Ausatmen)

Anmerkungen
- Erzeugt Seitneigung und Flexion in der Brust- und Lendenwirbelsäule.
- Wird durch Schenkelhilfen beeinflusst.
- Stoppt das Bauchpendel.

Ursprung ***Pars costalis:*** ab der 4. Rippe
Pars lumbalis: letzte Rippe, Rückenlendenbinde *(Fascia thoracolumbalis)* und Hüfthöcker *(Tuber coxae)*

Ansatz **Bauchsehne:**
- *Linea alba* (weiße Linie; bezeichnet eine senkrechte Bindegewebsnaht in der Mitte des Bauches)
- *Tendo praepubicus* (quer verlaufende Sehne über dem Schambein)

Beckensehne:
- Leistenband *(Lig. inguinale)* und *Tendo praepubicus*

Die Bauchmuskulatur

Damit die Rückenlinie gut aussieht, muss die Bauchmuskulatur ausgewogen trainiert sein. Haben der gerade Bauchmuskel *(M. rectus abdominis)* und der äußere schräge Bauchmuskel *(M. obliquus externus abdominis)* zu wenig Tonus, neigt das Pferd zum Senkrücken. Sind sie zu stark trainiert, hat das Pferd einen Karpfenrücken oder gar einen hochgeschürzten Bauch (siehe Abschnitt zur Rückenlinie).

Rückenmuskeln

Die Rückenmuskeln sollten in erster Linie ohne Irritation von oben frei an- und abspannen können. Überspitzt gesagt sollte man den Rücken nicht ärgern und den Bauch und den Rumpfträger gut trainieren, damit ein Rücken »gut« aussieht. Es ist weder möglich noch sinnvoll, die Rückenmuskeln isoliert aufzutrainieren.

Trainingstipps bei Senkrücken

Ist ein verspannter *M. latissimus dorsi* die Ursache, ist nicht nur der Rücken in Extension, ein Vorderbein oder beide Vorderbeine stehen dann sehr wahrscheinlich rückständig (siehe Abschnitt zu den Vorderbeinen). Das passiert, wenn die Rückenlendenbinde durch unpassendes Equipment irritiert wird und das Pferd zu viel Stemmarbeit mit den Vorderbeinen leisten muss. Dazu kommt es, wenn das Pferd noch nicht genügend Schubkraft entwickelt hat und gleichzeitig nicht seinem langen gesenkten Hals (in Dehnungshaltung) hinterherlaufen kann, sondern zu früh aufgerichtet wird. Oder auch, wenn es zu wenige Pausen in Dehnungshaltung bekommt oder schlicht nicht gelernt hat, physiologisch vorwärts-abwärts unterm Reiter zu laufen.

Um einen verspannten breiten Rückenmuskel und eine irritierte *Fascia thoracolumbalis* zu entspannen, sollte das Pferd am besten zunächst ohne störendes Equipment im Rücken vom Boden aus gearbeitet werden. Gehen in Dehnungshaltung entlastet die Vorderbeine von unphysiologischer Stemmarbeit, weil das Pferd seinem Schwerpunkt hinterher»rollen« kann. Longieren auf gebogenen Linien ist Bauchmuskeltraining, was das Senkrückenproblem allmählich lösen dürfte.

Diese Tapeanlage unterstützt den äußeren schrägen Bauchmuskel.

Je nach Zustand des Rumpfträgers wäre auch sinnvoll, dosierte Galopparbeit zu empfehlen, weil sie die Bauchmuskulatur trainiert und den verspannten Rücken nach oben bringt.

KURZER RÜCKEN, LANGER RÜCKEN

Wann ein Rücken »kurz« oder »lang« ist, lässt sich nicht mit dem Maßband festlegen. 42 Zentimeter Sattellage wäre für ein Warmblut sehr kurz, für einen Spanier normal und für einen Isländer lang. Idealerweise ist der Rücken per definitionem so lang, *»dass die Vorderbeine, der Rücken und die Hinterbeine ein harmonisches Rechteck bzw. Quadrat (je nach Zuchtziel) bilden, das in drei gleich große Partien geteilt werden kann.«* (Hlauscheck, Steile Schulter, kurzer Rücken und Co., FN-Verlag).

Die Rückenlänge wird von mehreren Faktoren beeinflusst. Zum einen wären da die Form und die Länge des Halses. Je länger der Hals ist, desto länger ist der Rücken. Die Halslänge wiederum hängt natürlicherweise von der Beinlänge ab. Das Pferd braucht einen genügend langen Halshebel um seine Beine ökonomisch nach vorn bewegen zu können. Der Halshebel wiederum muss an einem genügend langen Rücken »hängen«, damit das Pferd, das ja eigentlich zum Fernwanderwild zählt, längere Strecken ermüdungsfrei gehen kann. Ein typischer Hannoveraner vom alten Schlag hat lange Beine, einen langen geraden Hals und steht im Rechteckformat. Raumgriff und das ausdauernde Bewegen auf langen ebenen Strecken mit sicherem Boden fallen ihm leicht.

Ein Pferd mit hohem Halsaufsatz und kurzen Beinen wird einen relativ kurzen Rücken haben und auch relativ kurze Schritte und Tritte machen. Ein Isländer etwa bewegt sich mit hoher Frequenz und wenig Raumgriff, dafür aber sehr trittsicher auf Geröll und in unwegsamem Gelände.

Kurzer Rücken = Gewichtsträger?

Es ist nicht so, dass ein langer Rücken automatisch instabil und ein kurzer immer stabil ist und es ist ein Irrglaube, dass kurzrückige Pferde »Gewichtsträger« seien. Je länger der Halshebel ist, desto besser kann ein Pferd seinen Rücken über das Nacken-Rückenband-System stabilisieren – sofern man ihm erlaubt, die Länge seines Halses auszunutzen und in Dehnungshaltung zu gehen, bis es muskulär stabil genug ist für eine minutenweise Arbeit in Aufrichtung. Lange Rücken schwingen allerdings mit einer höheren Amplitude nach oben und unten – das muss der Reiter sitzen können, damit das Pferd nicht dauerhaft irritiert wird.

Pferde mit hoher natürlicher Aufrichtung oder kurzen Hälsen stabilisieren ihren Rücken weniger effektiv über das Nacken-Rückenband. Sie können das Reitergewicht also schlecht mit ihren passiven Bandstrukturen tragen und müssen muskulär umso intensiver stabilisiert werden. Auch ist es in der Praxis so, dass kurzrückige Pferde oft mit zu langen Sätteln geritten werden. Viele erwachsene Reiter passen kaum in so kurze Sättel wie ein Isländer- oder teilweise auch Spanierrücken eigentlich bräuchte.

Dann wird die Lendenwirbelsäule mitbelastet und der kurze Rücken gerät unter massiven Stress. Da die Wirbelkörper kleiner sind als bei einem langen Rücken (denn die Anzahl der Brustwirbel bleibt ja gleich), ist der Abstand der Dornfortsätze sogar geringer als beim langen Rücken und das kurzrückige Pferd könnte sogar schneller Kissing Spines entwickeln als ein Pferd mit langem Rücken. Vor dem Pferdekauf sollte der Reiter sich also idealerweise fragen, ob seine Kleidergröße zur Rückenlänge seines Pferdes passt.

Innerhalb der Rassen und Zuchtziele gibt es allerdings trainingsbedingte Unterschiede, die den Rücken optisch verkürzen können. Ein Faktor ist der Karpfenrücken oder gar der hochgeschürzte Bauch, die Extremform des Karpfenrückens. Die Gesamtlänge des Pferdes nimmt quasi etwas ab, wenn der Rücken durch hypertone Bauchmuskeln »zu« aufgewölbt ist. Da der gerade Bauchmuskel am Schambein ansetzt und das Becken kippt, haben solche Pferd oft eine abgeschlagene Kruppe, was die Rückenlinie optisch wiederum verkürzt.

Andersherum wirkt die Rückenlinie oft länger, wenn die Kruppe sehr gerade ist. Dafür sorgt ein hoher Tonus der Rückenstreckerkette und des Kruppenmuskels, *M. glutaeus medius*. Schwach ist ein langer Rücken nur, wenn das Pferd zu wenig Bauchmuskelspannung und einen nicht ausreichend trainierten Rumpfträger hat.

Dieser Quarter steht im alten Typ. Er besitzt einen kurzen Hals und einen kurzen Rücken.

Ein Warmblut mit langem Rücken biegt sich nicht unbedingt besser als ein kurzrückiger Lusitano.

Kurz biegt sich nicht?

Häufig wird behauptet, dass Pferde mit einem langen Rücken sich besser biegen können als Pferde mit kurzem Rücken. »Ein kurzer Stock biegt sich schlechter als ein langer«, schreiben viele Autoren zu diesem Thema. Was auf Stöcke zutrifft, gilt nicht automatisch für Pferde! Wer in der Praxis schonmal einen »kurzrückigen« Lusitano und einen langrückigen Hannoveraner auf gebogenen Linien und in Seitengängen geritten ist, weiß, dass die Aussage nicht stimmt. Hannoveraner und Lusitano besitzen die gleiche Anzahl an Wirbeln, die einzelnen Wirbelkörper des Lusitanos sind aber kürzer. Da Biegung bis zu einem gewissen Grad zwischen den Wirbelkörpern in den Facettengelenken stattfindet, ist klar, dass der Lusitano sich sogar besser biegen kann. Viel Seitneigung ist allerdings in der Brust- und Lendenwirbelsäule weder beim Lusitano noch beim Hannoveraner anatomisch möglich, weil Rippen und Lendenwirbelquerfortsätze diese beschränken. Der Pferderumpf geht deshalb in die Rotation, um die Biegung ausführen zu können. Die Fähigkeit zur korrekten Rumpfrotation hängt eher vom möglichen Tonus der Bauchmuskeln ab. Für Biegung und Wendigkeit relevant ist außerdem das Verhältnis von Mobilität und Stabilität im Pferdekörper. Pferde mit viel Faszienspannung wie englische Vollblüter

Die Kreidekästchen markieren die Sattellage – der Sattel sollte von drei Fingerbreit hinterm Schulterblatt bis zum 18. Brustwirbel reichen. In der Mitte der Auflagefläche sollte er mit 40 Prozent, im vorderen und mittleren Drittel mit je 30 Prozent des Reitergewichts belastet werden.

oder viele Warmblüter haben es schwerer, sich zu biegen, als die sehr mobilen iberischen Pferde mit eher geringer Faszienspannung.

Wer auf Biegung und besonders auf Wendigkeit setzt, züchtet eher kurzrückige Quadratpferde. Kein Stierkämpfer würde sich ein deutsches Warmblut kaufen.

EINE FRAGE DES EQUIPMENTS? – DER SATTEL

Wie lang die Sattellage eines Pferdes ist, hängt von der Länge seiner Brustwirbelsäule ab. Der Sattel liegt im Bereich des 10. bis 18. Brustwirbels. Die Brustwirbelsäule ist durch die Rippen und die Verbindung zum Brustbein stabil – im Gegensatz zur Lendenwirbelsäule, die schon einen Großteil des Darmgewichts tragen muss. Sie sollte keinesfalls mit Reitergewicht belastet werden.

Muskeln in der Sattellage

Tiefe Kuhlen hinter den Schulterblättern weisen nicht nur auf eine Atrophie (Rückbildung) des Trapezmuskels *(M. trapezius pars thoracis)* hin, auch wenn das oft behauptet wird. Eine reine Trapeziusatrophie kommt in der Praxis nicht vor. Der *M. trapezius* ist selbst in

M. SPINALIS
Dornfortsatzmuskel

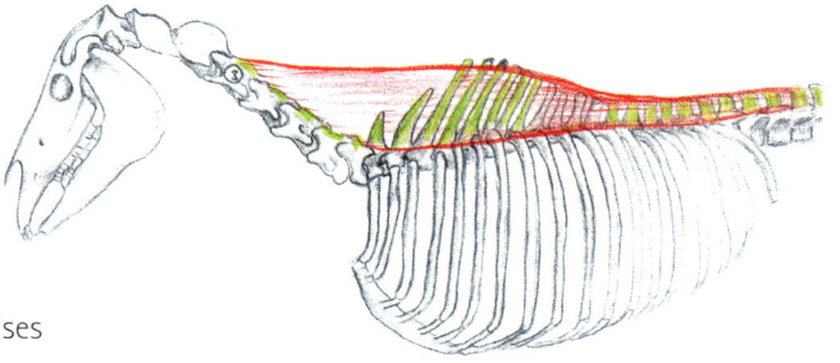

Funktion
- Fixation von Rücken und Hals
- Heben und Seitwärtsbiegen des Halses

Anmerkungen
Der *M. spinalis* liegt über dem *M. longissimus dorsi*. Im gut trainierten Zustand wird der Widerristbereich breiter, weil der *M. spinalis* durch den (bei gut tonisiertem *M. serratus ventralis*) angehobenen Rumpf präsenter wird.

Ursprung
- Dornfortsätze der Lendenwirbel und der sechs letzten Brustwirbel
- Sehnenspiegel des *M. longissimus*

Ansatz
- Dornfortsätze der ersten sechs bis sieben Brustwirbel sowie der letzten fünf Halswirbel

M. LONGISSIMUS DORSI
Längster Muskel des Körpers mit seinen Anteilen

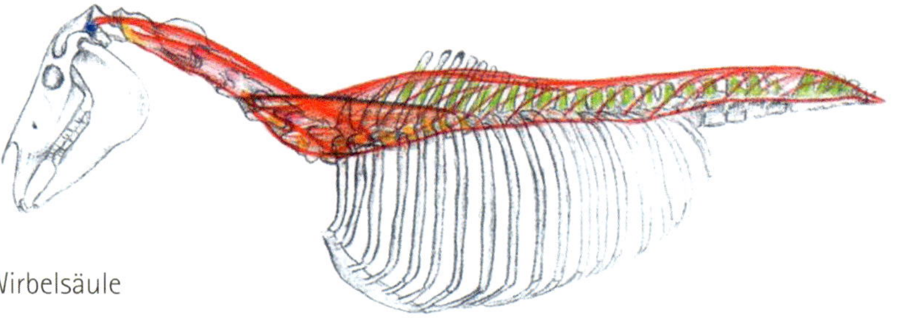

Funktion
Beidseitig angespannt:
Streckung der Wirbelsäule
Einseitig angespannt:
Streckung und Seitneigung der Wirbelsäule

Anmerkungen
- Brust- und Lendenbereich: Verschmächtigung durch schlecht sitzenden Sattel und/oder unausbalancierten Reiter.
- Bei Verspannung Wegdrücken des Rückens und dadurch erschwertes Untertreten der Hinterhand.

Ursprung
- Dornfortsätze des Kreuzbeins, der Lenden- und Brustwirbel
- Darmbeinflügel
- Querfortsätze der Brust- und Halswirbel

Ansatz
- Hilfs- und Querfortsätze der Wirbel
- Rippenhöckerchen
- Atlasflügel
- Warzenfortsatz des Schläfenbeins

gutem Trainingszustand dünn (maximal 3,5 Zentimeter). Unter dem Trapezius liegen Anteile des breiten Rückenmuskels *(M. latissimus dorsi)* und darunter wiederum der vordere Anteil, die pars cranialis des *M. serratus dorsalis* (nicht zu verwechseln mit dem Rumpfträger, dem *M. serratus ventralis*). Der vordere Anteil des *M. serratus dorsalis* ist ein Rippenstabilisator und unterstützt die Einatmung. Unter ihm liegt der kräftigste Muskel in diesem Bereich, der ausgeprägte *M. spinalis*. Dass gutes Reiten den Widerrist »breiter« macht und das Halsfundament festigt, liegt übrigens daran, dass der Rumpf sich durch Training des Rumpfträgers hebt und der *M. spinalis* präsenter wird. Unter dem *M. spinalis* liegt der *M. longissimus dorsi*, der im vorderen Bereich der Sattellage aber noch wenig ausgeprägt ist. Die letzte Muskelschicht bildet der *M. iliocostalis*.

All die genannten Muskeln werden in Mitleidenschaft gezogen, wenn das Kopfeisen des Sattels nicht passt.

Faszien in der Sattellage

Der Sattel liegt über dem Fell auf der Unterhaut und der darunterliegenden oberflächlichen Körperfaszie, der *Fascia trunci superficialis*. Diese große Körperfaszie umgibt das ganze Rumpfgebiet vom Ellenbogenhöcker bis zur Kniefalte. Auf der Rückenoberfläche verschmilzt die Körperfaszie mit der Rückenlendenbinde, der *Fascia thoracolumbalis*, die als sieben Zentimeter dicke Gewebsschicht die langen Rückenstrecker schützt und überdeckt. Beim Menschen konnte man nachweisen, dass die Rückenfaszie dicht mit Schmerzrezeptoren besiedelt ist, deren Reizung für viele Rückenschmerzen verantwortlich ist. Auch ein Pferd mit Sattelproblemen reagiert auf Berührung der Sattellage oder beim Auflegen des Sattels mit einem starken Wegdrücken des Rückens und anderen Abwehrreaktionen wie Ohren-Anlegen, In-die-Luft-Beißen etc., sodass man davon ausgehen kann, dass es auch beim Pferd in diesem Bereich eine starke Besiedelung mit Schmerzrezeptoren gibt.

WIE REAGIERT DIE RÜCKENLENDENBINDE AUF DRUCK UND REIBUNG?

Faszien bestehen zu 63 bis 69 Prozent aus Wasser. Ihr Wassergehalt ist abhängig von der im Gewebe befindlichen Hyaluronsäure, die Wasser bindet und ein zähes visköses Gel bildet, sowie von den in der Faszie eingelagerten Zellen, den Proteoglykanen, die wie ein Schwamm Gewebswasser aufsaugen und so den Körper gegen Kompression schützen. Der Druck des Sattels und das Gewicht des Reiters pressen das Wasser aus der Faszie wie aus einem Schwamm. Durch das herausgedrückte Wasser verschlechtert sich die Stoffwechsellage in diesem Gebiet, da das Gewebe nicht mehr so gut ernährt wird. Auch erzeugen Reibung und Druck in der Faszie eine vermehrte Kollagenbildung. Das sind Strukturproteine, deren vermehrte Einlagerung das Gewebe zugfest, aber auch unelastisch und derb macht – im weiteren Sinn vergleichbar mit der Hornhautbildung beim Menschen auf mit Druck belastete Strukturen. So entsteht eine zusätzliche Kompression in diesem Bereich. Es beginnt ein Teufelskreis: Die Sattellage regeneriert sehr schlecht, da sie die ganze Zeit der Schwerkraft ausgesetzt ist. Durch die verminderte Feuchtigkeit in der Faszie verringert sich die Verschieblichkeit der Rückenlendenbinde gegenüber den darunterliegenden Strukturen und es entstehen Verklebungen, die auch zu vermehrter Spannung und zu Bewegungseinschränkungen führen können. Bei zu starker Belastung durch einen schlecht gepolsterten Sattel, der punktuellen Druck auf den Rücken ausübt, oder durch zu lange Ritte können Mikrotraumen, d. h. kleine Einrisse im Gewebe, entstehen, und deren narbige Heilung macht das Gewebe immer unelastischer.

Vom Sattelproblem zum Senkrücken

Wenn die Rücken-Lenden-Binde durch einen unpassenden Sattel irritiert wird, zieht sie den Rücken besonders im hinteren Bereich der Sattellage in Höhe des 16. Brustwirbels bis zum zweiten Lendenwirbel nach unten, da hier die Rippen nicht mehr stabilisieren können. Der dritte Lendenwirbel steigt in Richtung Kreuzbein an. Der Sattel rutscht in diese Faszien- und Muskellöcher und die Balancefläche für den Sitz des Reiters verändert sich. Um die nach hinten gekippte Sitzfläche zu kompensieren, richtet der Reiter seinen Rumpf in einer Hohlkreuzhaltung auf. In dieser Haltung ist seine Wirbelsäule genauso in Streckung verriegelt wie die seines Pferdes, und ein elastisches Mitschwingen und Abfangen der Vertikalbewegung des Pferderückens ist weniger möglich, worauf das Pferd seinen Rücken aktiv wegdrückt.

Da das Fasziennetz ein Kontinuum ist, wird eine vermehrte Spannung der *Fascia throacolumbalis* auch kopfwärts weitergeleitet in die Widerristfaszie, die *Fascia spinocostotransversalis*. Diese Faszie, die die starke Widerristbinde bildet, die von einer Körperhälfte zur anderen zieht und somit als kräftiges Halteband fungiert, ist auch der Ursprung des Rumpfträgers *(M. serratus ventralis)*. Eine Verspannung der *Fascia thoracolumbalis* führt weiterlaufend zu einer Verfestigung der Widerristfaszie und somit auch zu einer Einschränkung der Beweglichkeit des Schulterblatts am Brustkorb. Das kann sich schädigend auf das Fesselgelenk auswirken, da der Fesselkopf nach dem Durchtreten in der Belastungsphase nicht ungestört nach oben zurückfedern kann. In der physiologischen Bewegung wird die

Ein Axthieb deutet möglicherweise auf eine verspannte *Fascia spinocostotransversalis* hin.

Streckung des Fesselgelenks nach oben zwischen Schulterblatt und Rumpf aufgefangen, indem das Schulterblatt hochgleitet. Wird dies durch eine verspannte Widerristbinde gebremst, erfährt der Fesselkopf bei jedem Schritt eine Stauchung und kann Schaden nehmen.

Die Verspannung der thorakolumbalen Faszie kann sich über die *Fascia spinocostotransversalis* weiter kopfwärts in die oberflächliche Halsfaszie fortsetzen, die ihren Ansatz am Nackenband hat. Häufig sieht man bei Pferden, die mit einem weggedrückten Rücken laufen, eine schlechte Oberlinie im Hals, wenn sie nicht durch eine aushaltende Reiterhand oder durch Hilfszügel künstlich in eine andere Form gebracht wird. Das deutet auf eine zu starke Spannung im Nackenband hin und zeigt sich auch als Unterhals (siehe Kapitel zum Hals).

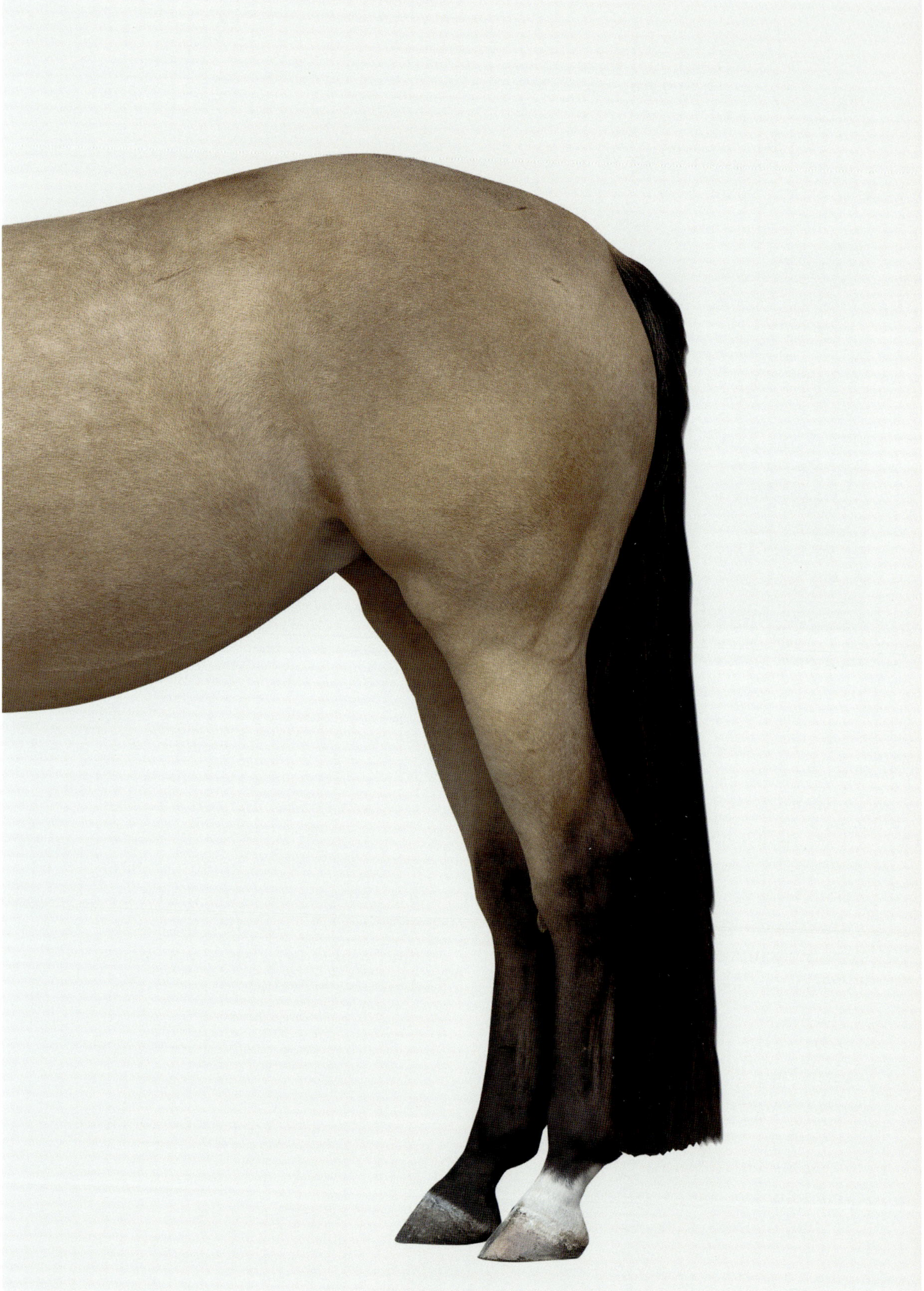

DIE HINTERHAND

Eine ideale Hinterhand wird in der Literatur so beschrieben:

Von der Seite betrachtet:

- harmonischer Lendenschluss.
- eine möglichst lange, leicht schräg abfallende Kruppe.
- ein harmonischer Schweifansatz.
- eine ca. 90-Grad-Winkelung zwischen dem Darmbein und dem Oberschenkel.
- eine gute Bemuskelung der Kruppe.
- das Knie soll in Höhe des Hüfthöckers ca. 70 bis 80 Grad gebeugt sein.
- ein langer, schräg nach hinten zeigender Unterschenkel.
- ein klares ca. 130 bis 135 Grad gebeugtes Sprunggelenk mit einem kräftigen Fersenbein.
- ein Fesselgelenk ohne Gallen.
- eine korrekte Fessel-Zehen-Achse.

Von hinten:

- die Kruppe ist rechts und links auf gleicher Höhe.
- symmetrische Muskulatur.
- gerader Schweif.
- regelmäßige Stellung.

DER ÜBERGANG DER LENDE ZUM KREUZBEIN

Anatomisch besteht der Übergang von der Lende zum Kreuzbein aus dem sechsten Lendenwirbel und dem ersten Kreuzbeinwirbel. Diesen Bereich bezeichnet man auch als lumbosakralen Übergang, abgekürzt LSÜ. Von der Funktion sollte man die letzten zwei Lendenwirbel und das Kreuzbein (lat. *sacrum*) als Lendenschluss ansehen. Bei einem harmonischen Lendenschluss geht die Wirbelsäule ohne Stufenbildung in das Kreuzbein über, beidseits von der Seite überdeckt vom *M. glutaeus medius*. Rassetypisch steht der LSÜ bei Pferden mit einer geraden Kruppe wie zum Beispiel beim Araber in einer Nullstellung oder sogar in einer leichten Überstreckung, während er bei einer leicht abfallenden Kruppe bis zur abgeschlagenen Kruppe in einer immer stärkeren Flexionsstellung steht.

Dieses Quarter Horse besitzt eine abgeschlagene Kruppe.

Abgeschlagene Kruppe

Die abgeschlagene Kruppe, wie sie deutlich beim Friesen, aber auch beim Isländer und Quarter Horse vorkommt, dient der Stabilisierung der Lendenwirbelsäule. Der Grad der »Beckenkippung« hängt zum Beispiel beim Friesen von seiner Halsaufrichtung ab. In Aufrichtung entspannt sich das Nacken-Rückenband-System und der Rücken wird nicht von oben über die Bänder gespannt. Diese Pferde neigen, oft trotz bestem Training, zu einem Senkrücken. Um aber die Lendenwirbelsäule zu stabilisieren und damit nicht das gesamte Darmgewicht am lumbosakralen Übergang hängt, ziehen die Muskeln, die hinten am Kreuzbein und an den Sitzbeinhöckern des Beckens ansetzen, das Kreuzbein nach hinten-unten.

Die Zugrichtung kann man an den nach hinten geneigten Dornfortsätzen des Sakrums erkennen. Durch diese Kippung wird der LSÜ in Flexion stabilisiert und kann so das Darmgewicht tragen.
Der Isländer läuft auf dem schwierigen Boden seiner Heimat über Geröll und Eis. Das gelingt ihm mit seinen hochfrequenten und trittsicheren Gangarten Tölt und Pass mit stark angespannter Oberlinie und relativ hoch getragenem Kopf. Seine Vorderbeine zeigen deutlich mehr Aktion als die Hinterbeine. Da er sich vorn mit dem Hals gut ausbalancieren kann, zieht er sich mehr mit der Vorhand in die Bewegung, während die

Hinterbeine in kurzen Stützbeinphasen eher nachspringen und nicht schieben. Je instabiler der Boden, umso stabiler muss das Pferd sein und umso mehr verkürzen sich die Schubphasen. Das geht uns ähnlich: Auf Geröll oder Eis bewegt man sich nicht mit langen Schritten fort, sondern bringt so schnell wie möglich das nächste Bein zurück auf den Boden. Damit der Rücken und vor allem die Lendenwirbelsäule des Isländers das in hohem Tempo leisten kann, wird der hintere Teil der Lendenwirbelsäule über eine starke Beugung im LSÜ stabilisiert. Das ist der Grund, warum viele Isländer auch bei einem schweren Reiter im hinteren Rücken nicht nachgeben. Benötigt ein Isländer unterm Reiter aber dauerhaft ein hohes Tempo, um den Rücken zu stabilisieren, kann das schon ein Hinweis auf Stress oder Schmerzen im LSÜ sein.
Beim Quarter Horse hat man eine ganz andere Situation: Man benötigte für die Rancharbeit auf weitläufigen Flächen ein bequemes Pferd mit flachen Gängen, das ermüdungsfrei neben den trottenden Kuhherden herlaufen konnte. Zudem sollte es schnell auf der Hinterhand wenden und stoppen und auch eingefangenen Rindern am Lasso ein Gegengewicht bieten können. So entstand ein Pferd mit feinem Kopf, relativ kurzem Hals, aber einer mächtigen, gut bemuskelten Hinterhand mit einer ansteigenden Rückenlinie und einer abgeschlagenen Kruppe. Das Quarter Horse kann mit dem Gegengewicht der stark bemuskelten Hinterhand den Kopf weit absenken, ohne ins Laufen zu kommen, da es seinen Schwerpunkt auch mit tiefem Kopf nicht nach weit vorne verlegt. Auch hier wird die Lendenwirbelsäule und der LSÜ durch eine starke Flexion stabilisiert. So ist es dem Quarter Horse auch möglich, schwere Cowboys (wie John Wayne oder Hoss von Bonanza) samt schwerem Holzbaumsattel mit einem stark nach hinten verlegten Sattelschwerpunkt überhaupt zu tragen.

KARPFENRÜCKEN

Aber es gibt auch erworbene und damit problematische Formen des lumbosakralen Übergangs. Zum einen ist da der Karpfenrücken (siehe auch Seite 89). Ihn findet man bei Fahrpferden, die zu früh schwere Lasten ziehen mussten.

Die Faszien, das *Ligamentum supraspinale*, die Bänder zwischen den Dornfortsätzen und die sieben Zentimeter dicke thorakolumbale Faszie, die Rückenlendenbinde, sind noch nicht stark und können die Lendenwirbelsäule beim Stemmen mit der Hinterhand nicht von oben unterstützen. So wölbt sich die Lendenwirbelsäule unter der Zugbelastung auf und es entsteht ein Druck auf die bauchseitigen Wirbelkörper. Das kann so weit gehen, dass diese brechen und es entstehen irreversible Keilwirbel mit einer starken Flexionshaltung im lumbosakralen Übergang mit einer sehr schrägen Kruppe. Der Höhepunkt der

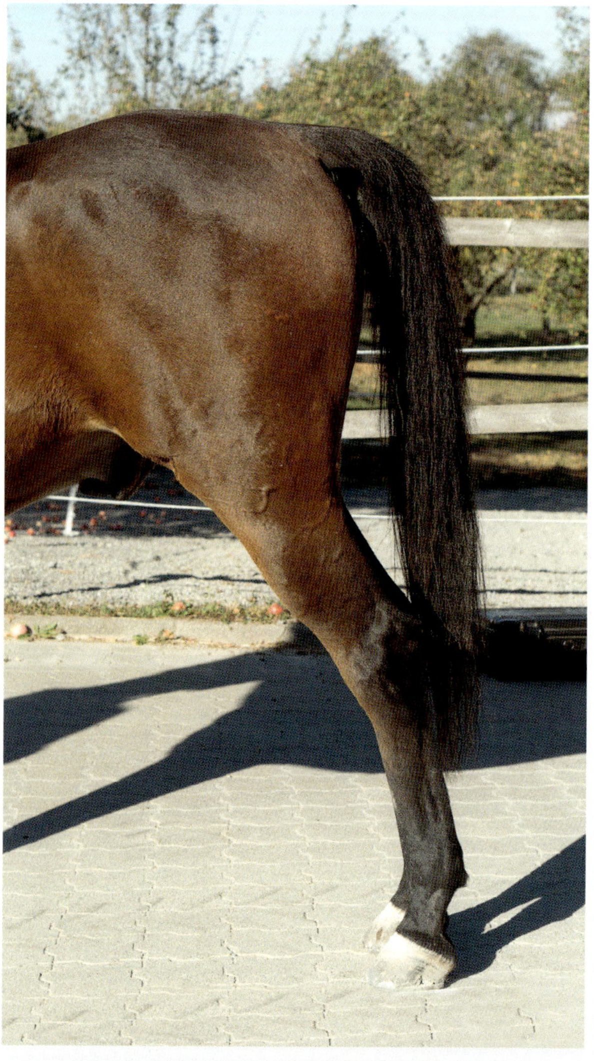

Dieser Araber zeigt rassetypisch einen überstreckten lumbosakralen Übergang mit gerader Kruppe und hoch angesetztem Schweif.

Flexion ist der Übergang. Das ist nicht mit einer ansteigenden Rückenline oder einem Senkrücken zu verwechseln. Diese Art von Karpfenrücken bleibt bestehen und ist nicht von der Spannung der Bauchmuskulatur oder der Hosen abhängig. Das Pferd kann sich in der Lendenwirbelsäule nicht mehr strecken und ist so für schnelle Sportarten und auch für höhere Sprünge durch das fehlende Öffnen über den Sprüngen nicht einsetzbar. Auch die Sattellage ist ungünstig. Der Sattel rutscht nach vorne und der Reiter wird durch die ansteigende Rückenlinie konstant ins Hohlkreuz gesetzt.

ÜBERSTRECKTER LSÜ

Eine weitere erworbene Haltung des LSÜ ist eine konstante Überstreckung, wie sie bei Stuten nach der Geburt des oder der Fohlen vorkommt. Die Gebärmutter des Pferdes ist über Bänder am Kreuzbein aufgehangen. Die Schwere des Fötus und der Vakuumeffekt auf den Uterus in der Austreibungsphase während der Geburt ziehen das Kreuzbein bauchwärts und kippen besonders die vordere Kreuzbeinspitze dorthin.

Wenn das Sakrum sich nach der Trächtigkeit oder der Geburt nicht wieder aufrichtet, bleibt die Überstreckung bestehen *(depressed sacrum)* und dies hat starke Auswirkungen auf die Rittigkeit und Befindlichkeit der Stute. Am zweiten Sakralwirbel ist der recht unelastische Duraschlauch, die fasziale Umkleidung des Rückenmarks, befestigt. Die *Dura mater*, die harte Gehirnhaut, umkleidet als Schutz im Schädel das Gehirn und umhüllt dann das Rückenmark. Die Dura ist nach ihrem Austritt aus dem Schädel am zweiten Halswirbel und am zweiten Sakralwirbel befestigt und schwingt sonst frei im Wirbelkanal.

Wenn sich das Kreuzbein nach bauchwärts neigt, entsteht über die Stellungsveränderung des zweiten Sakralwirbels ein Zug am Duraschlauch, der sich bis zur Anheftung in der Schädelkalotte fortsetzt. Dieser Zug kann zu craniosacralen Problemen führen, die sich bei der Stute in Befindlichkeitsstörungen wie Dauerrosse, Unkonzentriertheit, Aggressivität, Rittigkeitsproblemen und starker Schenkelempfindlichkeit äußern können. Hier gilt es abzuklären, ob die Rückenlinie und das Verhalten der Stute nach einer Trächtigkeit aufgetreten ist. In diesem Fall sollte die Stute dringend osteopathisch behandelt werden, um die Sakrumfehlstellung und die damit verbundenen Problemen zu beheben.

VERSPANNTER *M. ILIOPSOAS*

Eine besondere Form des LSÜ ergibt sich durch einen verspannten Hüftbeuger, den *M. iliopsoas*. Auslöser können etwa ein heftiges Ausschlagen mit den Hinterbeinen sein oder auch ein Überstrecken der Hinterhand bei einem Hochweitsprung. Bei einem ruckartigen Stretch auf einen Muskel nimmt dieser eine vorsorgliche Schutzspannung ein, um einen drohenden Muskelriss zu verhindern. Dadurch entsteht ein dauerhafter Hypertonus, wenn das Pferd nicht behandelt wird. Ein verspannter Iliopsoas zieht die Lendenwirbelsäule in die Streckung, die Darmbeinschaufel aber in eine Drehung, bei der der Hüfthöcker sich rückenwärts dreht.

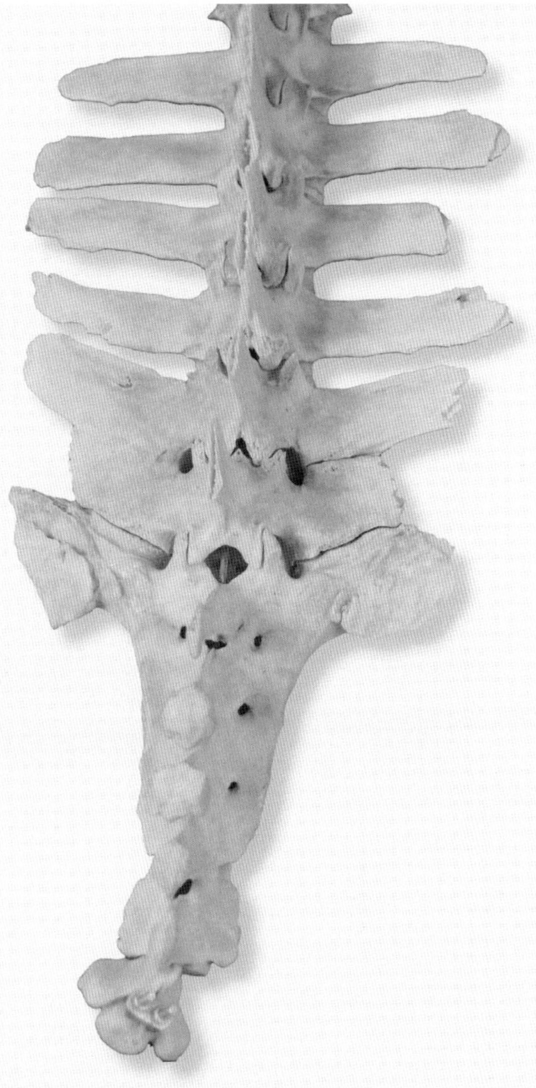

Hier sieht man die Lendenwirbel und das Kreuzbein.

Äußerlich sieht man eine gerade LWS und eine Stufe der vorderen Kante des Kreuzbeins nach oben. Das Pferd hat Schwierigkeiten, den Rücken aufzuwölben und in der Lendenwirbelsäule nach oben zu schwingen. Ein raumgreifender Galopp oder das Öffnen über dem Sprung sind erschwert.

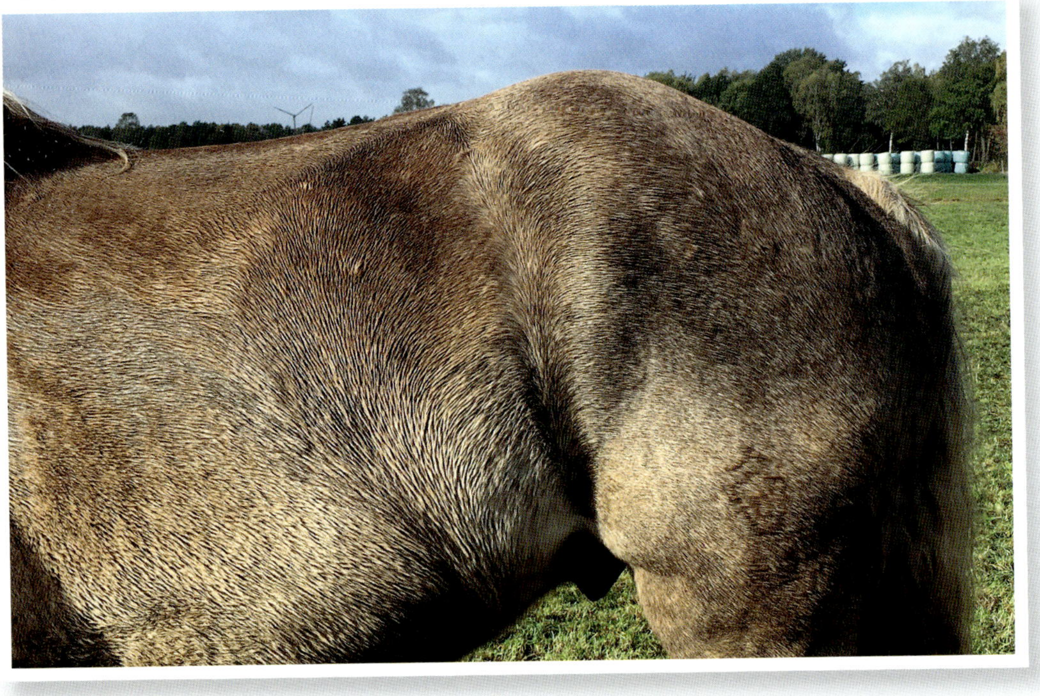

Diese Kruppenform deutet auf einen verspannten *M. iliopsoas* hin.

Energetisch betrachtet verbindet der *M. iliopsoas* die Wurzelseele (Heimat, Stabilität) mit dem Hara (Bauchgefühl, Intuition) und verspannt sich bei Kummer oder dem Gefühl der fehlenden Unterstützung. Vielleicht sollte man bei der Einschätzung des Pferdes auch diesen psychischen Aspekt im Hinterkopf haben.

EINE MÖGLICHST LANGE, LEICHT SCHRÄG ABFALLENDE KRUPPE

Es gibt kein objektives Maß, ob eine Kruppe lang oder kurz ist. Eine gerade Kruppe mit dem hohen akzentuierten Schweifansatz erscheint kürzer als eine schräge, bei der der Schweifansatz die Kruppe optisch verlängert. Die Haltung der Kruppe wird durch die Stellung des Kreuzbeins und durch die Spannung einiger am Becken ansetzenden Muskeln und Faszien beeinflusst. Bei der rassetypischen geraden Kruppe wie beim Araber steht das Kreuzbein horizontal und über die beiden Iliosakralgelenke werden beide Beckenhälften am Hüfthöcker nach vorne unten gedreht. So entsteht die typische gerade Haltung. Bei der gewünschten abgeschlagenen Stellung drehen sich die beiden Hüfthöcker durch die vertikalisierte Sakrumposition nach hinten oben und bilden so die abfallende Kruppe.

Was verursacht eine gerade Kruppe?

Muskel- und Faszienspannungen können die Kruppenhaltung stark beeinflussen. Welche Muskelverspannungen oder -schwächen führen nun zu einer geraden Kruppe? Zum einen eine dominante Oberlinie. Der Rücken wird durch den Hypertonus der Rückenstrecker gerade oder sogar überstreckt gehalten und eine gestreckte Lendenwirbelsäule bedingt ein horizontal gehaltenes Sakrum, das weiterlaufend über die beiden Iliosakralgelenke die gerade Kruppe bildet. Zu schwache Bauchmuskeln geben über ihre Ansätze unten am Hüfthöcker *(M. obliquus cxternus abdominis)* bei starker Darmfüllung nach und auch ein schwacher gerader Bauchmuskel *(M. rectus abdominis)* hält das Becken mit seinem Ansatz am Schambein nicht mehr fest: So drehen sich beide Beckenhälften mitsamt dem Sakrum nach vorne unten. Das Pferd hat keinen tragfähigen Rücken, das Gewicht des Reiters »hängt« am lumbosakralen Übergang und es hat durch seine Beckenstellung Schwierigkeiten unterzutreten. Häufig beginnt das Pferd in dieser Situation im Trab das Tempo zu verstärken, kann sogar heftig werden,

M. ILIOPSOAS
Lenden-Darmbeinmuskel

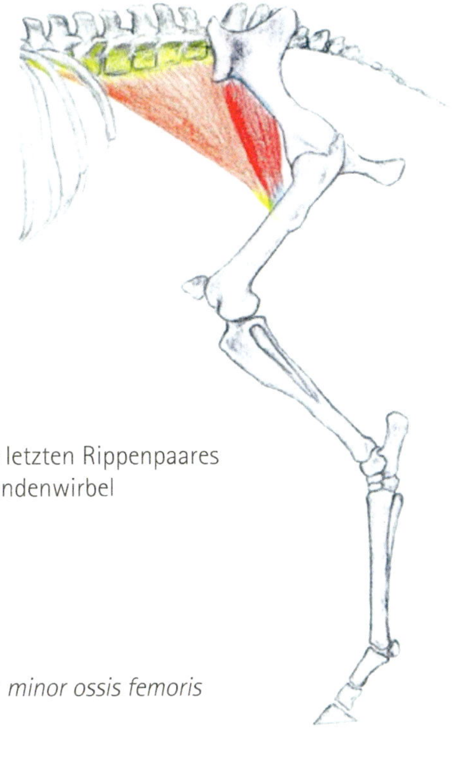

Funktion
- Beugt Hüfte mit Außenrotation
- Zieht die Lendenwirbelsäule in Extension

Ursprung *M. psoas major:*
- Ventralseite des wirbelnahen Endes des letzten Rippenpaares
- Wirbelkörper und Querfortsätze aller Lendenwirbel

M. ilacus:
- Facies sacropelvina des Darmbeins
- ventral am Kreuzbein
- Darmbeinsäule
- Sehne des *M. psoas minor*

Ansatz Als *M. iliopsoas* gemeinsam am Trochanter *minor ossis femoris*

Das Gehen auf gebogenen Linien kräftigt die ventrale Muskelkette.

um dadurch eine höhere Rumpfspannung aufzubauen und den lumbosakralen Übergang mit den Rückensteckern und dem *M. glutaeus medius* zu stabilisieren. Das Pferd ist dann nicht eifrig oder fleißig, sondern es kompensiert einen vielleicht schmerzhaften Zustand.

Trainingstipp bei gerader Kruppe

Je nach Ursache für die gerade Kruppe sollte das Training ausfallen: Eine Zuchtstute mit einem durch die Geburt ausgelösten Sakrumproblem sollte zunächst osteopathisch behandelt werden, einem Pferd mit von Natur aus oder trainingsbedingt gerader Kruppe dürfte ein bisschen Bauchmuskeltraining nicht schaden. Die dorsale Muskelkette (Rückenstrecker) ist dann hyperton, die ventrale Muskelkette zu schwach. Um die Bauchmuskulatur zu trainieren eignet sich das Longieren oder, je nach Zustand des Rückens und des Rumpfträgers, Reiten von gebogenen Linien. In Biegung wird die Muskulatur und werden die Faszien der Außenseite gedehnt und die Bauchmuskulatur auf der Innenseite trainiert. Arbeitet nun die ventrale Kette wird die dorsale Muskelkette gehemmt (reziproke Hemmung) – sie entspannt sich. Reitet man ausgewogen in Links- und Rechtsbiegung wird die ventrale Kette allmählich gekräftigt und schrittweise wird die Kruppenform harmonischer. Das Reiten in Biegung sollte man natürlich nicht übertreiben und häufig die Hand wechseln, denn neben den genannten positiven Effekten kann Biegung auch verschleißen, weil das innere Vorderbein vermehrt belastet wird und die Facettengelenke der Wirbelsäule sich schließen, was bei längerer Dauer die Durchblutung und Nervenversorgung behindern kann (siehe dazu *Die 50 häufigsten Irrtümer in der Pferdeausbildung*, Cadmos Verlag). Auch Galopparbeit trainiert die Bauchmuskeln. Aber Vorsicht: Eine untrainierte Zuchtstute plötzlich wild galoppieren zu lassen, hat sehr viel mehr negative als positive Auswirkungen. Zunächst muss der Rumpfträger über Trabarbeit aufgebaut werden und Beugesehnen und Fesselträger durch monatelanges Training im Trab stabilisiert werden, bevor man tatsächlich längere Strecken galoppiert.

Was verursacht eine schräge Kruppe?

Die schräge Kruppe kann von drei unterschiedlichen Muskelgruppen mit jeweils anderen Auswirkungen gebildet werden. Zum einen kann ein guter Tonus des geraden Bauchmuskels, des *M. rectus abdominis*, der am Schambein ansetzt, den Beckenring mit den Hüfthöckern nach hinten kippen und die Kruppe schräg stellen. Der Lendenschluss ist harmonisch und die Brust- und Lendenwirbelsäule werden von unten stabilisiert und können so bei entsprechendem Training auch ohne Unterstützung des Nacken-Rücken-Bands einen Reiter tragen. Das Pferd kann gut untertreten und wird Schubkraft und später Tragkraft entwickeln. Wenn die Bauchmuskeln über mindestens ein halbes Jahr trainiert werden, beginnen sich auch die Faszienstreifen im *M. rectus abdominis* zu stabilisieren und halten so energieeffizient immer konstanter die Bauchform. Werden die Bauchmuskeln übertrainiert oder hat das Pferd starken Stress, kann es zum hochgeschürzten Bauch kommen. Die Kruppe ist in diesem Fall sehr schräg

M. BICEPS FEMORIS
Zweiköpfiger Muskel des Oberschenkels

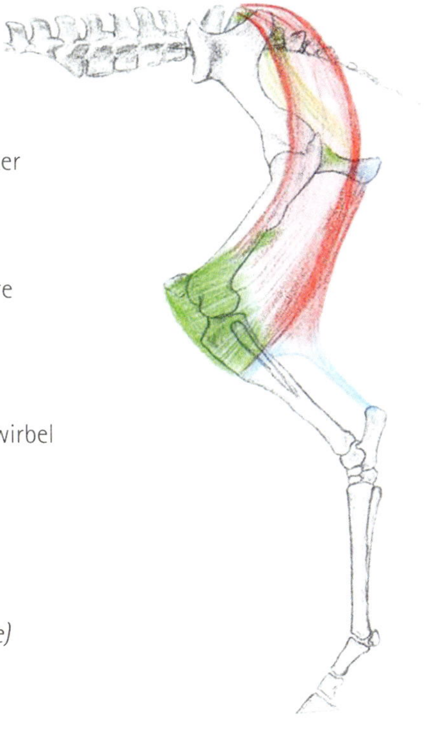

Funktion
Stützbeinphase: Strecker von Hüfte, Knie- und Sprunggelenk
Hangbeinphase: Strecker der Hüfte, Beuger des Knies und Strecker des Sprunggelenkes, Abspreizer (Abduktor) der Gliedmaße

Anmerkungen
- Übernimmt die kraniale und mittlere Stützbeinphase, die hintere Stützbeinphase wird vom *M. glutaeus medius* übernommen
- Riesige Hebelwirkung
- Wichtig für Schub- u. Tragkraft

Ursprung
- Dorn- und Querfortsätze der letzten drei Kreuzbeinwirbel
- Schwanzwirbel
- breites Beckenband
- Schwanzfaszie
- Sitzbeinhöcker

Ansatz
- laterales und mittleres gerades Kniescheibenband
- vorderer Rand des Schienbeins *(Margo cranialis tibiae)*
- Unterschenkelfaszie
- seitlich am Fersenbeinhöcker

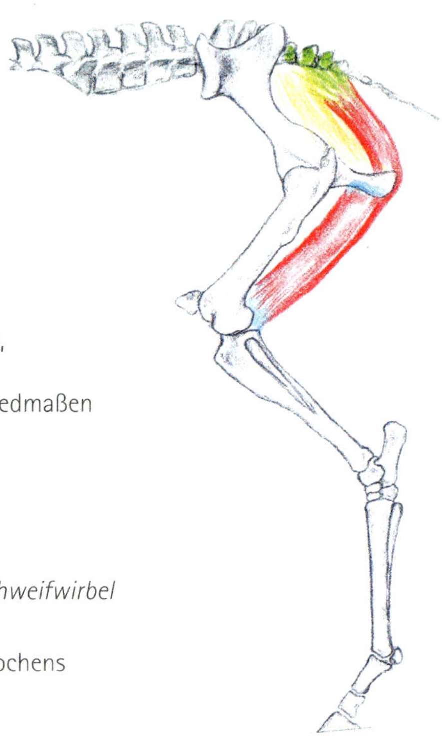

M. SEMIMEMBRANOSUS
halbhäutiger Muskel

Funktion
- in der Stemmphase Strecker des Hüft- und Kniegelenks, Adduktor der Gliedmaße
- in der Hangbeinphase Rückzieher und Adduktor der Gliedmaßen
- Innenrotator

Anmerkungen
Zählt zu den Hosenmuskeln.

Ursprung **Wirbelkopf:** *Lig. sacrotuberale latum, erste Schweifwirbel*
Beckenkopf: *am Sitzbeinhöcker*

Ansatz
- am medialen Rollkamm des Oberschenkelknochens
- am medialen Rollkamm des Schienbeins

M. SEMITENDINOSUS
Halbsehnenmuskel

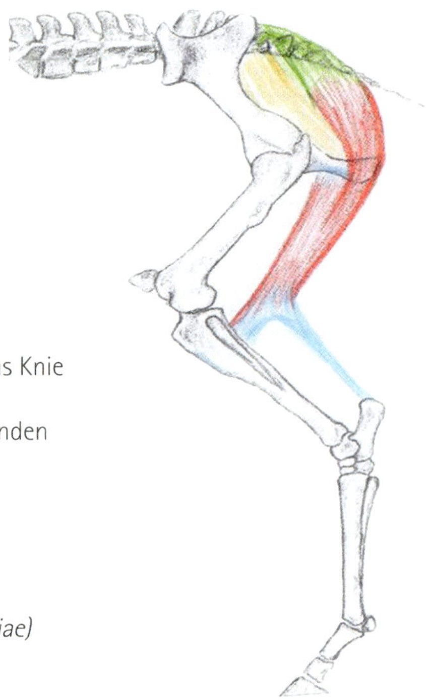

Funktion
Im Stützbein: Strecker des Hüft-, Knie- und Sprunggelenks
Im Hangbein: Beuger des Kniegelenks sowie Ein- und Rückwärtsführer der Gliedmaße

Anmerkungen
- Ähnliche Funktion wie der *M. biceps femoris*, nur dass er das Knie von innen umfasst.
- Bei Verletzungen neigt er zum Krankheitsbild der fibrosierenden und ossifizierenden Myopathie.

Ursprung
- letzter Kreuz- sowie 1. und 2. Schwanzwirbel
- Schwanzfaszie und breites Beckenband
- ventral am Sitzbeinhöcker

Ansatz
- oberer Rand des Schienbeins *(Margo cranialis tibiae)*
- Unterschenkelfaszie *(Fascia cruris)*
- mittig am Fersenbeinhöcker

und das Pferd kann die Hinterbeine nicht mehr genügend nach hinten strecken. Das kann Probleme im Springen durch das mangelnde Öffnen des LSÜ über dem Sprung oder bei Highspeed-Anforderungen mit sich bringen. Allerdings weisen einige gute Spring- und Vielseitigkeitspferde eine sehr schräge Kruppe auf. Es scheint, als könnten sie beim Absprung die Hinterbeine weiter nach vorn unter den Schwerpunkt bringen und den Rumpf so dennoch gut nach vorne und oben stemmen.

Nicht nur die Spannung des geraden Bauchmuskels kann das Becken nach hinten kippen, das können auch Muskeln, die an den Sitzbeinhöckern des Beckens ansetzen. Das sind der kräftige *M. biceps femoris*, der die hintere äußere Kruppenmuskulatur bildet, und die *Mm. semitendinosus* und *semimembranosus*, die nach innen ans Knie ziehen. Diese Muskeln nennt man auch Hosen. Alle drei Muskeln setzen an den hinteren Kreuzbeinwirbeln an und ihre Spannung kann das Sakrum zusammen mit der Rotation des Beckens nach hinten abkippen (vertikalisieren). Wenn diese Muskeln eine zu starke Spannung entwickeln, kann das Pferd eine sehr schräge bis abgeschlagene Kruppe bekommen. Trainiert werden die drei Muskeln in der vorderen bis mittleren Stützbeinphase des Hinterbeins. In dieser Phase strecken sie zusammen mit dem *M. quadriceps* das Knie. Von der mittleren bis hinteren Stützbeinphase übernimmt dann der *M. gluteaus medius* über die Hüftstreckung. Werden die Pferde zu stark mit vermehrter Bauchmuskelanspannung in der vorderen und mittleren Stützbeinphase gearbeitet (versammelnde Arbeit), werden die Hosen und der *M. quadriceps* hyperton. Die Kruppe wird schräger. Allerdings streckt sich das Kniegelenk, da die Ansätze des *M. biceps femoris* die äußere und der *Mm. semitendinosus* und *semimembranosus* die innere Kniefaszie spannen. Sie stabilisieren das normalerweise in Beugehaltung stehende Knie wie ein Spanntuch. Wird dieses Spanntuch aber strammer, wird die Beugung im Knie geringer und der Kniewinkel steiler.

Trainingstipp bei steilem Kniewinkel

Im Training sollten Sie zunächst die Arbeit in Versammlung zurückstellen und auf die Entwicklung der hinteren (caudalen) Stützbeinphase achten, bis wieder ein Gleichgewicht zwischen den oben genannten Muskeln und dem *M. gluteaus medius*, dem Hüftstrecker, entstanden ist. Dafür eignet sich häufiges Tritteverlängern (Vorsicht: die Frequenz muss gleich bleiben, nur die Schrittlänge wird größer!) und »entsammelndes« Geradeausreiten, etwa im Gelände.

Eine unphysiologisch schräge Kruppe kann aber auch entstehen, wenn ein Pferd zu früh in Aufrichtung geritten wird, vielleicht dazu noch von einem schweren Reiter in einem Sattel bei dem der Schwerpunkt zu weit hinten liegt. Durch die fehlende ligamentäre Unterstützung des Nacken-Rücken-Bands und die fehlende Rumpfträger- und Bauchmuskulatur entsteht ein starker Zug auf den lumbosakralen Übergang. Um diesen Zug zu mildern und die Lendenwirbelsäule zu stabilisieren, spannt das Pferd die am Kreuzbein und am Sitzbeinhöcker entspringenden Muskeln an und kippt das Sakrum. So kann das den hinteren Rücken nach unten drückende Gewicht etwas abgefangen werden. Hier gilt es, die Ursachen zu beheben.

Eine schräge Kruppe kann auch durch die Spannung des oben beschriebenen M. iliopsoas entstehen. Das vertikalisierte Sakrum dreht über die beiden Iliosakralgelenke beide Hüfthöcker mit nach hinten. Die Höhe des Schweifansatzes korrespondiert mit der Stellung der Kruppe. Eine gerade Kruppe hat einen hohen Schweifansatz, je schräger die Kruppe ist, desto tiefer ist er.

EINE 90-GRAD-WINKELUNG ZWISCHEN DEM DARMBEIN UND DEM OBERSCHENKEL

Da das Hüftgelenk ein recht bewegliches Gelenk ist, das sich um ca. 30 Grad aus der Nullstellung in Beugung und Streckung bewegen lässt, wirkt sich die Kruppenhaltung nicht auf die Winkelung des Hüftgelenks aus. Das Hüftgelenk sollte ca. 90 bis 100 Grad gebeugt sein. Der Grad der Beugung wird durch die Spannung des *M. iliopsoas*, dem geraden Kopf des M. quadriceps (*M. rectus femoris*, dieser beugt das Hüft- und streckt das Kniegelenk) und vor allem durch den die starke *Fascia lata* spannenden *M. tensor fasciae latae* geformt und gehalten.

So ergibt sich ein gut gewinkeltes und etwa unter dem Hüfthöcker stehendes Kniegelenk und ein senkrecht unter dem Sitzbeinhöcker platziertes Sprunggelenk. Bei einem hoch aufgerichteten Friesen, der vorne beidseits rückständig ist, sieht man oft auch eine rückständige Hinterhand, bei der die Hüft- und Kniegelenkswinkel geöffnet sind. Die Hinterbeine werden nach hinten gestreckt, um die vorne durch die Rückständigkeit verminderte Balancefläche zu kompensieren und genügend Unterstützungsfläche zu erreichen.

EINE GUTE BEMUSKELUNG DER KRUPPE

Die Bemuskelung der Kruppe sollte rassetypisch und trainingsabhängig ausgeprägt sein. Bei den linearen Pferden mit ihrer trockenen Textur sieht man gut abgrenzbar die einzelnen Muskelpartien. Beim lateralen Typ sind rundere und verschwommene Silhouetten zu sehen. Bei Pferden mit einem langen geraden Hals ist die Kruppenmuskulatur weniger ausgeprägt, da diese Pferde sich mehr mit der Schwerpunktverlagerung über den Hebel des Halses vorwärtsbewegen. Je kürzer der Hals ist oder je aufgerichteter er z.B. bei den barocken Rassen getragen wird, umso mehr wird die Hinterhand zur Vorwärtsbewegung eingesetzt und erscheint stärker ausgebildet – ohne dass man das Pferd wesentlich anders trainiert hätte als ein »langhalsiges«.

Wichtig für die Einschätzung der Leistungsfähigkeit der Hinterhand ist die gleichmäßige Bemuskelung. Wenn ein Pferd noch nicht geradegerichtet ist, wird man fast immer auf der rechten Seite eine schwächere Muskelsilhouette besonders im Bereich des *M. tensor fasciae latae* erkennen. In diesem Fall muss das rechte Hinterbein auftrainiert werden, um Schäden an diesem Bein und im diagonal gegenüberliegenden Bein vorne links zu vermeiden.

Häufig gibt es an der Kruppenmuskulatur Muskelverletzungen, die durch Tritte entstehen, an typischen Stellen aber auch oft durch eine Überlastung auftreten. Der *M. biceps femoris* und die *Mm. semitendinosus* und *semimembranosus* entspringen neben ihren Ursprüngen am

M. TENSOR FASCIAE LATAE

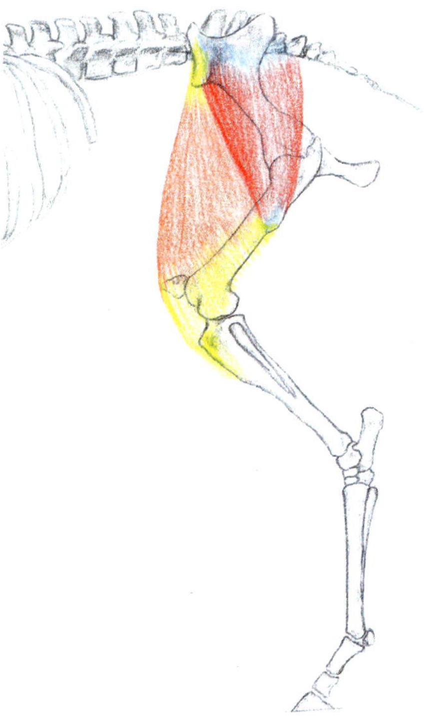

Funktion
- Hüftgelenksbeuger
- Vorführer der Gliedmaße
- Kniegelenksstrecker
- Spanner der Schenkelfaszie

Ursprung *Tuber coxae*

Ansatz
- *Fascia lata patellae*
- *Lig. patellae laterale*
- *Margo cranialis* des Schienbeins
- *Trochanter tertius* am Oberschenkel

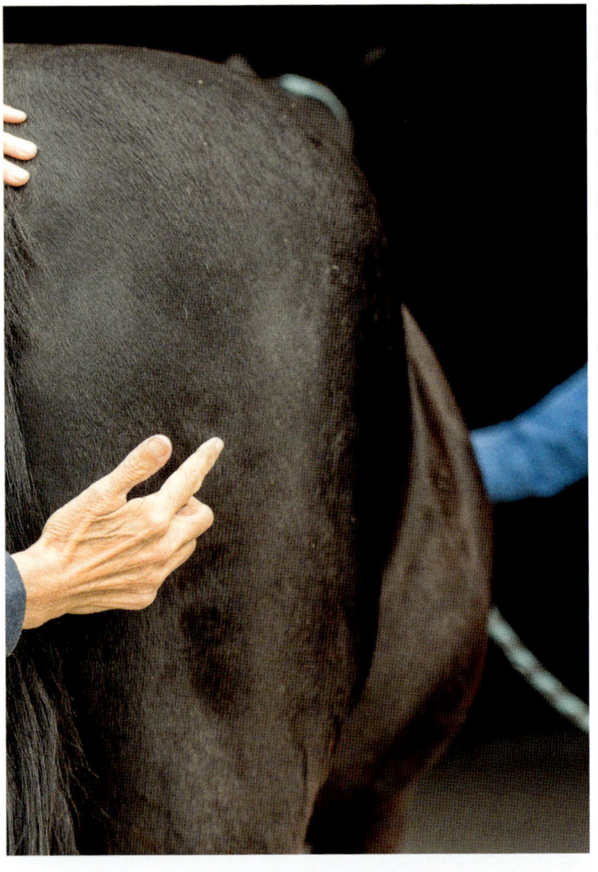

Dieser Traber hat eine alte Verletzung des *M. biceps femoris*, die als »Delle« in der Muskulatur zu sehen ist.

Kreuzbein und am Sitzbeinhöcker am breiten Beckenband, dem *Ligamentum sacrotuberale latum*. Das ist eine straffe Faszie, die von den Querfortsätzen des letzten Kreuzwirbels zu den Sitzbeinhöckern zieht und den Raum zwischen Kreuz- und Darmbein strukturiert.
Die Faszie muss, wie alle Sehnen und Bänder, durch kontrollierte Zugbelastung gestärkt werden. Wenn das Pferd aber zu früh durch Galopparbeit im verkürzten Rahmen, Steilsprünge oder fliegende Galoppwechsel, die Hosenmuskeln zu stark belastet, gibt es typische Muskelrisse an deren Ansätzen am breiten Beckenband, da dort die schwächste Ursprungsstelle ist.

Diese Verletzungen können so stark sein, dass das Pferd mangelnde Schub- und Tragkraft auf diesem Hinterbein entwickelt. Oft sieht man diese Muskelrisse an der rechten Hinterhand, da diese durch die natürliche Schiefe schwächer ist und nicht der gleichen Belastung standhält wie das linke Hinterbein.
In diesem Fall muss das verletzte und schlechter bemuskelte Bein kontrolliert in den lahmfreien Gangarten auftrainiert werden. Unter Umständen ist es auch nötig, den verletzten Muskel mit Elektrotherapie zu behandeln oder mit einem Tape zu tonisieren. Manchmal sieht man auch Muskelverletzungen des *M. biceps femoris* unter oder im Bereich des Schenkelbrands. Durch die durch den Brand entstandene Vernarbung der darunterliegenden Faszie ist deren Verschieblichkeit verringert, was bei einer starken Bewegung zu Einrissen bis in die Muskelfaszie führen kann. Brandnarben sollten deswegen immer gut behandelt und mobilisiert werden.

KNIE IN HÖHE DES HÜFTHÖCKERS UND EIN LANGER, SCHRÄG NACH HINTEN ZEIGENDER UNTERSCHENKEL

Der schwedische Tierarzt Holmström stellte im Rahmen seiner Dissertation fest, dass besonders erfolgreiche

Dressur- und Springpferde einen fast 90-Grad-Winkel im Kniegelenk aufweisen und das Knie im Stand unter dem Hüfthöcker steht. Das Sprunggelenk sollte senkrecht unter dem Hüfthöcker stehen. Das entspricht keiner unterständigen Stellung, sondern wird durch die Kniewinkelung verursacht. Der Kniewinkel hängt auf der Vorderseite hauptsächlich von der Spannung des *M. quadriceps*, *M. tensor fasciae latae* und dem *M. sartorius* ab. Je mehr Spannung diese Muskeln im Vergleich zu den Gegenspielern aufweisen, desto größer wird der Kniewinkel. Auf der Hinterseite wird er vom Zustand des *M. biceps femoris*, *Mm. semitendinosus* und *semimembranosus*, der Kniefaszie sowie dem *M. popliteus* in der Kniekehle und dem *M. gastrocnemius* beeinfusst. Aus der Größe des Kniewinkels ergibt sich die Schubkraft des Hinterbeins. Sie entsteht durch den Schub des Unterschenkels über die Kniestrecker in das in der Stützbeinphase fixierte Sprunggelenk.

Man kann sich das vorstellen wie beim Sprinter im Tiefstart, der sich am Startblock abstoßen kann. Je stärker die Kniewinkelung ist, umso besser kann sich die Schubkraft entfalten. Einen weiteren positiven Effekt hat das gut gewinkelte Knie in Bezug auf Schnelligkeit und Amplitude des abfußenden Hinterbeins nach der Stützbeinphase. Auch hier helfen der Katapulteffekt und der Dehnungs-Verkürzungs-Zyklus durch die Faszien: Wenn das Hinterbein stützt, sinkt der Fesselkopf nach hinten-unten

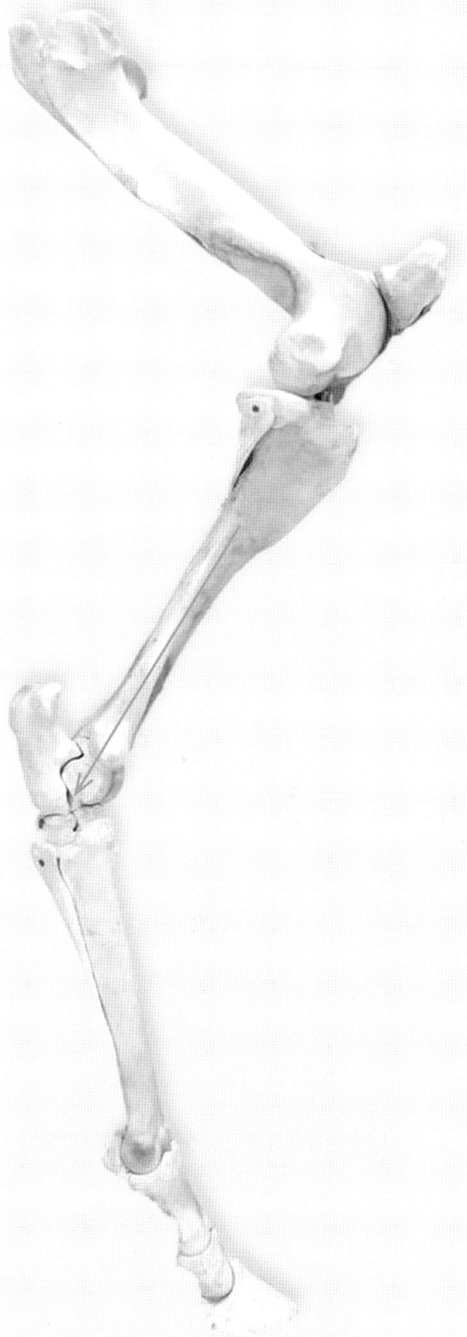

Stemmarbeit der Hintergliedmaße:
Das Schienbein drückt in der Stützbeinphase an den Fersenhöcker – das Pferd schiebt sich nach vorn.

ab und durch diese Bewegung wird das Kniegelenk passiv gestreckt. Der Stretch in die Extension wird in der Kniekehle von der sehr elastischen, ringförmig um die Kniekehle verlaufenden Kniefaszie aufgefangen. Diese antwortet auf die Dehnung mit einer reflektorischen Verkürzung und so beugt sich das Knie. Je besser die Kniewinkelung ist, umso stärker ist der Stretch und umso energischer fußt das Pferd ab. Das kann man in der Ganganalyse im Schritt oder Trab deutlich von hinten in der Kniekehle beobachten.

Der Kniewinkel kann sich durch eine zu starke Spannung der Hosenmuskulatur (*M. biceps femoris, Mm. semitendinosus* und *semimembranosus*) negativ verändern. Die Kniefaszie verkürzt sich und der Winkel wird steiler. Dies geschieht paradoxerweise bei zu starkem Training des Pferdes mit den Hinterbeinen in der vorderen und mittleren Stützphase. Ein Pferd mit geradem Kniewinkel »endlich mal mehr zu setzen«, damit es »die Hanken beugt«, ist kontraproduktiv und verschärft das Problem! Hier sollte das Training mehr Richtung »Entsammlung« und Schubkrafttraining geändert werden, um wieder einen Normotonus mit einer besseren Winkelung zu erreichen.

130 bis 135 Grad wäre die ideale Winkelung des Sprunggelenks.

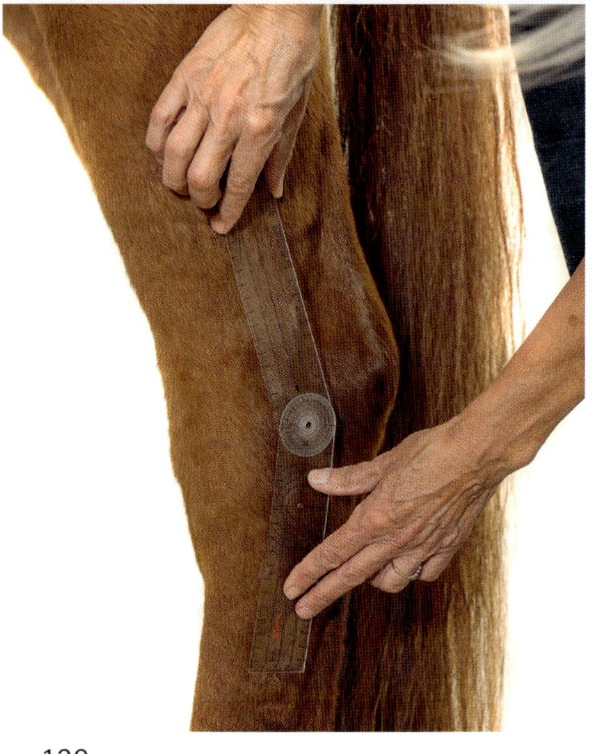

EIN KLARES 130 BIS 135 GRAD GEBEUGTES SPRUNGGELENK MIT EINEM KRÄFTIGEN FERSENBEIN

Das Sprunggelenk ist ein kompliziertes, aus vielen Knochen zusammengesetztes Gelenk. Wichtig für die Gesunderhaltung des Gelenkes ist die korrekte Winkelung von 130 bis 135 Grad. Der Unterschenkel muss von schräg oben auf der Talusrolle, dem großen und stabilen Rollkamm des Sprungbeins (lat. *Talus*) aufkommen.

So wird der Schub aus dem Unterschenkel in das dafür vorgesehene Gelenk zwischen dem Talus und dem großen Fersenbein (lat. Calcaneus), dem Sprungbein-Fersenbein-Gelenk (lat. *Articulatio talocalcanea*), weitergeleitet. Dieses Gelenk wird von hinten von dem langen Sohlenband, dem *Lig. plantare longum*, einer starken Faszie, stabilisiert. Man sollte immer wieder bedenken, das auch diese Faszien Zeit zur Ausreifung brauchen und die Schubkraft des Hinterbeins kontrolliert und schonend aufgebaut werden muss, um eine gute Stabilität und Belastungsfähigkeit der Gelenkkapseln und übrigen Bandstrukturen zu erreichen. Auch das *Lig. plantare longum* muss erst erstarken, um später in der Einbeinstütze im Galopp oder in den fliegenden Wechseln und beim Abdrücken beim Sprung die starke Kniestreckung im *Art. talocalcanea* auffangen zu können.

Wichtig zu erwähnen ist noch der Sprunggelenksbeuger, der *M. fibularis tertius*, der sich ähnlich wie der Fesselträger unter Belastung vom Muskel zu einem dynamischen Band verändert. Gibt man ihm unter kontrolliertem Training die nötige Zeit der Reifung, bleibt der Sprunggelenkswinkel auch bei starken Hosen stabil.

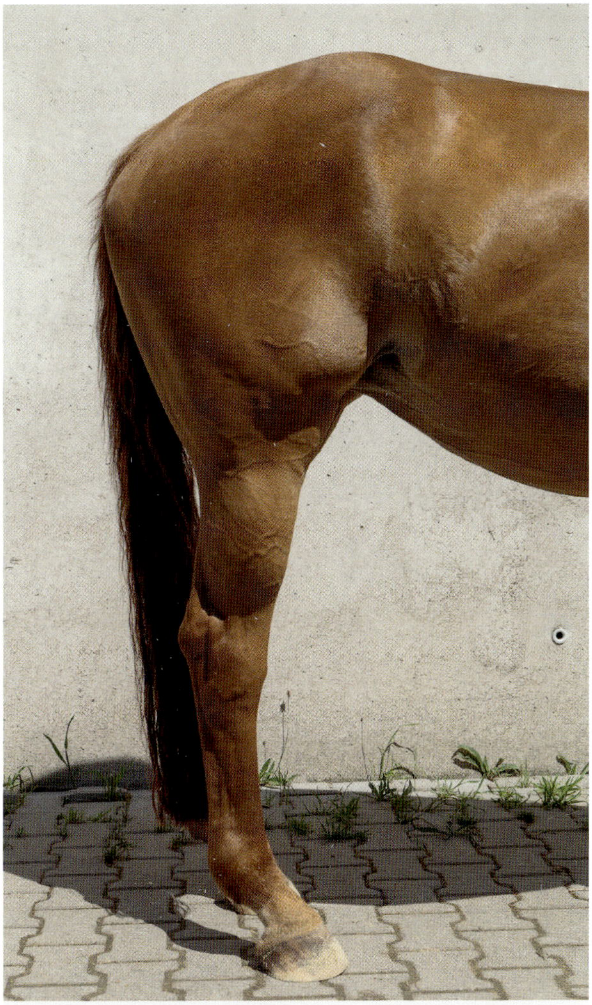

Der Sprunggelenkswinkel wird steiler, wenn die Hosenmuskeln hyperton werden.

Scheuern am Sprunggelenk

Häufig sieht man bei Pferden genau auf der Gelenkhöhe außen weiße Haare oder aber auch Scheuerstellen, da das Pferd nach der Gelenkbelastung die Durchblutung in diesem Bereich wieder zu aktivieren versucht.

Wenn der Sprunggelenkswinkel durch eine vermehrte Kniestreckung steiler wird, verändert sich der Belastungspunkt des Unterschenkels auf dem Talus. Er kommt jetzt in der Stützbeinphase mehr von oben statt von vorn. Dadurch werden andere Knochen und Gelenke zu stark belastet, die dafür aber nicht vorgesehen sind. Durch den vermehrten Druck baut der Körper zur besseren Stabilisierung mehr Knochen an und es

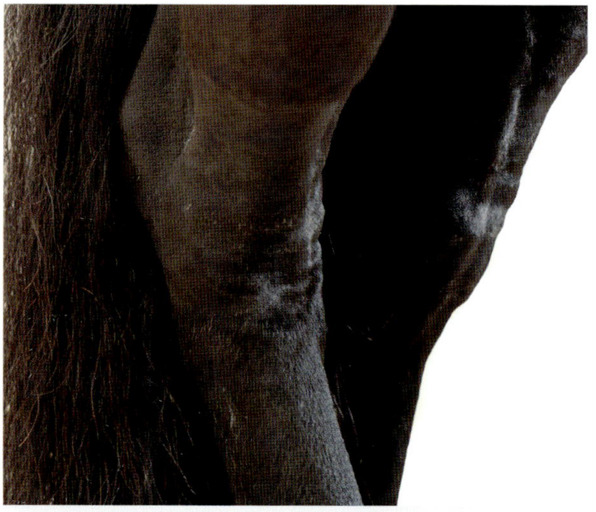

Eine Mehrbelastung des Sprunggelenks erkennt man oft schon von außen an aufgestellten Haaren in der Region der Ringbänder.

entsteht auf dem Röntgenbild eine Arthrose der unteren Gelenkreihen, besser bekannt als Spat. Von außen kann man oft schon vorher an den aufgestellten Haaren auf den drei Ringbändern des Gelenks, die die Sehnen auf den Gelenken stabilisieren, die beginnende Gelenkveränderung erkennen.

Durch den steileren Winkel zwischen Unterschenkel und Talus ist die Schubphase des Hinterbeins verkürzt und die Bewegungsamplitude verkleinert sich.

Dieses Pferd hat ein steiles Sprunggelenk und die Tendenz zur Bärentatzigkeit.

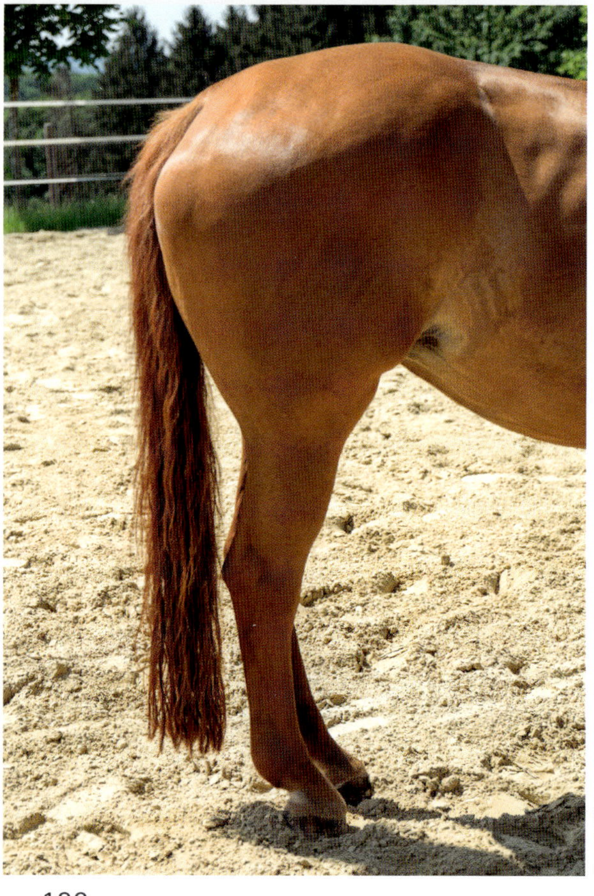

EIN FESSELGELENK OHNE GALLEN UND EINE KORREKTE FESSEL-ZEHEN-ACHSE

Der unphysiologische Druck des Unterschenkels auf das Sprunggelenk setzt sich weiter belastend auf das Fesselgelenk fort. Man wünscht sich ein klares Fesselgelenk ohne Gallen und Anzeichen einer Fesselringbandstriktur. Weiterlaufend sollte die Fessel-Zehen-Achse korrekt sein. Wenn nun der Druck des Unterschenkels nicht mehr auf das *Art. talocalcanea* weitergeleitet wird, sondern mehr senkrecht nach unten, muss vor allen Dingen der Fesselträger diese Kraft abfangen. Zusammen mit dem Fesseltrageapparat und den Beugesehnen muss er das Fesselgelenk im Stand und in der Bewegung stabilisieren. Durch die korrekte Winkelung des Sprunggelenks wird der auftretende

Kraftvektor in der Stützbeinphase nach schräg hinten abgeleitet. Bei einem geraden Sprunggelenk verändert sich die Situation und der Fesselkopf wird mehr vertikal belastet. Die Kraft wird nicht durch die etwas schräger stehende Röhre mit dem Huf- und Krongelenk mit abgefangen. Die Fessel-Zehen-Achse ist nach hinten gebrochen.

Wenn Fesselträger und Fesseltrageapparat nicht gut trainiert und stabilisiert sind (beides sind per definitionem Faszien, wobei sich der Fesselträger bis zum vierten Lebensjahr des Pferdes durch Belastung vom Muskel zu einem dynamischen Ligament umbildet) bilden sich Gallen am Fesselgelenk. Weiterlaufend kann es zu einer unphysiologischen Hyperextensionsstellung kommen, das Pferd ist durchtrittig. Das kann sich bis zur Bärentatzigkeit steigern. Damit ist das Fesselgelenk pathologisch verändert und die Gefahr von Fesselträgerreizungen, Fesseltrageapparats- und Gleichbeinproblemen steigt. Der Katapulteffekt aus den Sehnen und Faszien ist herabgesetzt, Laufen wird unökonomischer für das Pferd.

Eine nach vorne gebrochene Fessel-Zehen-Achse ist ein Hinweis darauf, dass das Pferd die Hinterhand entlastet und seinen Schwerpunkt noch weit vorne hat. Eine einseitige, nach vorne gebrochene Achse deutet auf eine Entlastung dieses Beines hin, was untersucht werden sollte.

Dieses Pferd zeigt eine leicht kuhhessige Stellung der Hinterbeine.

DIE BETRACHTUNG DER HINTERHAND VON HINTEN

Kuhhessig

Bei der Betrachtung der Hinterhand von hinten achtet man zuerst auf die Gliedmaßenstellung. Die kuhhessige Stellung ergibt sich aus einer stärkeren Spannung des Hüftbeugers, dem *M. iliopsoas*, der die Hüftgelenke dabei nach außen dreht und so weiterlaufend die Sprunggelenke nach innen zeigen lässt. Oft geht diese

Haltung mit einer etwas schrägen Kruppe einher. Häufig zeigen sehr leistungsstarke Pferde diese Stellung, die durch den guten Tonus des Hüftbeugers mit den Hinterbeinen gut untertreten.

Fassbeinig

Bei den fassbeinigen Pferden überwiegt dagegen die Spannung des Hüftstreckers, *M. glutaeus medius*. Er streckt die Hüfte, was mit einer Innendrehung einhergeht, die sich weiterführend in den Sprunggelenken als Außendrehung zeigt. Diese Spannung kann ein Hinweis auf eine Knieproblematik sein, da das Pferd mehr über die Hüftstreckung als mit der Kniestreckung arbeitet. Tritt diese Haltung einseitig auf, sollte man das Kniegelenk an diesem Bein untersuchen. Fassbeinigkeit kann auch eine Kompensationshaltung bei Fesselgelenksproblemen sein. Das Pferd dreht die Gelenke aus der Belastungsachse heraus und steht praktisch im *Art. talocalcanea* des Sprunggelenks.

Kruppe

Bei der detaillierten Betrachtung der Hinterhand von hinten beginnt man mit der Kruppe. Sind beide Beckenhälften in der horizontalen wie der vertikalen Ebene auf gleicher Höhe? Ein gefüllter Blinddarm auf der rechten Seite kann die rechte Beckenhälfte nach oben drücken. Aber auch eine Stützbeinproblematik mit einer nach vorne gebrochenen Fessel-Zehen-Achse kann einen Beckenhochstand auf dieser Seite auslösen.

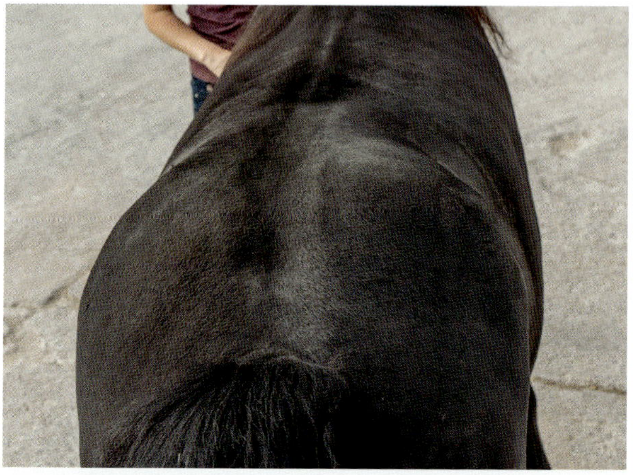

Dieser Friese hat einen eher ungewöhnlichen *Ilium upslip* rechts – die rechte Beckenhälfte steht weiter vorn. Bei den meisten Pferden steht die linke Beckenhälfte weiter vorn, was mit der natürlichen Schiefe zu erklären ist.

In der horizontalen Ebene kann eine Beckenhälfte mehr nach vorne stehen, häufig ist es, bedingt durch die natürliche Schiefe, das linke Becken.

Natürliche Schiefe

Aber auch eine einseitige Verspannung der Rückenlendenbinde *(Fascia thoracolumbalis)* durch die natürliche Schiefe, einen unpassenden Sattel oder einen schiefen Reiter kann durch ihre Ansätze am Beckenring eine Beckenhälfte nach vorne ziehen. Das ist problematisch, da das Bein an der nach vorne gezogenen Beckenhälfte immer mehr unter den Körperschwerpunkt tritt und das Pferd sich so ungleichmäßig trainiert.

Die Muskulatur sollte auf beiden Seiten gleichmäßig ausgebildet sein. Das ist nur bei geradegerichteten Pferden der Fall. Durch die natürliche Schiefe treten die meisten Pferde mit dem rechten Hinterbein in einer leichten Außendrehung nach außen. Das Bein verlässt dann die Belastungsachse des Körpers und entwickelt weniger Schubkraft. Kompensatorisch ist das linke Hinterbein weiter unter dem Körper. Oft sieht man von hinten, dass das linke Hinterbein das linke Vorderbein verdeckt und zwischen dem linken und rechten Hinterbein hindurch das linke Vorderbein. So trainiert sich das linke Hinterbein auf, während das rechte Hinterbein schwächer bemuskelt bleibt.

Deutlich sieht man das von hinten an den Hosenmuskeln. Um das zu beurteilen sollte man den Schweif anheben und die Muskulatur rechts und links vergleichen.

Auch die Ausprägung des *M. glutaeus medius* kann Auskunft über ein Muskelungleichgewicht geben. Man kann von hinten auch die Spannung des *M. quadriceps femoris* erkennen. Die Flanken sollten nicht stark oder ungleichmäßig eingefallen sein. Der *M. quadriceps femoris* liegt unter dem *M. tensor fasciae latae* und spannt diesen von innen. Eine eingefallene Flanke ist ein Hinweis auf eine Schwäche des Kniestreckers. Wenn dies einseitig zu beobachten ist, sollte man das Knie auf dieser Seite untersuchen lassen.

DER SCHWEIF

Der Schweif sollte idealerweise gerade aus der Kruppe entspringen. Wird er nach einer Seite gehalten, kann dahinter ein Beckenproblem, eine ungleiche Muskelspannung oder ein ungleicher Trainingszustand der *Mm. semitendinosus* und *semimembranosus* stecken. Auch eine Stützbeinproblematik auf der weggedrehten Seite des Schweifes kann den Schiefstand verursachen, denn das Pferd dreht seinen Körper zur Entlastung der Gliedmaße von dieser Seite weg. Möglicherweise sind auch ein nach vorn gezogenes Becken durch die Verspannung der *Fascia thoracolumbalis* oder ein Problem in der Lendenwirbelsäule Grund für den Schweifschiefstand. Auch ein Schweifwirbelbruch kommt als Ursache in Frage.

Ist die Schweifrübe leicht rotiert, kann es sich um ein Problem des Sakrums handeln und sollte behandelt werde. Gute Aussichten auf eine Geraderichtung des Schweifs hat man, wenn das Pferd den Schweif nach links trägt, aber in einer geführten Rechtsvolte die Schweifstellung korrigiert. Hier liegt eher ein Muskelungleichgewicht vor, das man durch entsprechendes Training korrigieren kann.

Übersicht: TRAININGSTIPPS BEI EXTERIEURPROBLEMEN

In diesem Kapitel erläutern wir noch einmal zusammenfassend die am häufigsten vorkommenden, durch Training veränderbaren »Exterieurmängel«. Wie in einem kleinen Nachschlagewerk stellen wir an dieser Stelle die sinnvollsten Trainingsmöglichkeiten dar. Für eine genauere Besprechung der Exterieurmerkmale und anatomischen Strukturen schlagen Sie bitte in den vorangegangen Kapiteln nach.

Wichtig: Diese Zusammenstellung ist als Impuls zu sehen und gibt eine erste Idee, dass und wie Sie an unphysiologischen Exterieurmerkmalen etwas ändern können. Unsere Empfehlungen ersetzen natürlich nicht die Absprache mit einem fähigen Ausbilder und ggf. Osteopathen vor Ort, der das jeweilige Pferd und dessen Vorgeschichte genau kennt!
Es ist wichtig, ein Pferd auch in der Ganganalyse und unter dem Sattel zu beurteilen und nicht ausschließlich aufgrund von Exterierbeurteilung das Training zu gestalten.

VERSPANNTER *M. LATISSIMUS DORSI* BEIDSEITIG

Erscheinungsbild

Beide Vordergliedmaßen stehen rückständig, der Vorgriff beider Vorderbeine ist eingeschränkt. Oft stehen und laufen die Pferde bodeneng, die innere Hufwand ist steiler. Die Belastungsachse in dem Vorderbein verändert sich bei der Rückständigkeit besonders im Fesselgelenk. Der durch die Fesselachse schräg nach hinten wirkende Kraftvektor in der Stützbeinphase wird durch den Verlauf des Fesselträgers *(M. interosseus medius)* wie ein Spanntuch aufgefangen. Diese schräge Richtung der axial einwirkenden Kraft verstärkt sich durch die Rückständigkeit, der Fesselträger erfährt konstant mehr Druck. Das kann zu Fesselträgerreizungen führen. Durch den Ansatz des *M. latissimus dorsi* an der Rückenlendenbinde *(Fascia thoracolumbalis)* wird diese gespannt.

Durch ihren Ansatz am Rückenband ab dem dritten Brustwirbel entlang der gesamten BWS und LWS wird der Rücken in die Extension (Streckung) gezogen, durch den schrägen Verlauf des Muskels besonders im Bereich des 16. Brustwirbels bis zum ersten Lendenwirbel. Durch ihren breiten Verlauf über die Rückenmuskeln können, einem Sattelabdruckbild gleich, handgroße Muskellöcher entstehen, ohne dass je einen Sattel auf dem Pferd gelegen hat. Das ist häufig bei älteren hoch aufgerichteten Friesen mit weicher Textur zu sehen. Um die Balance wiederzufinden, richten sich rückständige Pferde im Hals vermehrt auf, wodurch die Extension im Rücken durch das Entspannen des Nacken-Rücken-Bandes zunimmt.

Mögliche trainingsbedingte Ursachen

Zu schnelle Rahmenbegrenzung mit der Hand. Durch eine erzwungene Verkürzung des Halshebels nähern sich der untere bis mittlere Teil der Halswirbelsäule an die Brustwirbelsäule, den Widerrist, an. Die physiologische Bewegung des Pferdes, das mit langem Hals ermüdungsfrei und schonend seinem Schwerpunkt hinterherläuft, ist so nicht mehr möglich. Da die Schubkraft der Hinterhand noch nicht genügend entwickelt ist, muss das Pferd seinen Rumpf nun mit dem *M. latissimus dorsi* über das stehende Vorderbein ziehen. Der Rücken des Pferdes wird durch die Entspannung des Nacken-Rückenbandes nicht von oben gestützt und durch die Spannung der *Fascia thoracolumbalis* zusätzlich in die Extension gedrückt.

Trainingstipps

Die Ursache abstellen: Das Pferd sollte in Dehnungshaltung arbeiten. Je weiter der Hals nach vorne geht, umso weiter greift das Vorderbein zur Erhaltung der Balance vor. Dadurch wird der *M. latissimus dorsi* zusammen mit der *Fascia thoracolumbalis* gedehnt. Der Rücken wird durch die Anspannung des Nacken-Rückenbands oben stabilisiert. Die Dehnung des *M. latissimus dorsi* kann durch die Längsbiegung des Rückens auf der Außenseite verstärkt werden. Diese Dehnung sollte mindesten 45 Sekunden durchgehalten werden, also könnten Sie z.B. Trab linke Hand auf einer Zirkellinie über 45 Sekunden reiten. Man arbeitet in der Dauermethode (gleichmäßiger Trab ohne Übergänge über mehrere Minuten) jeden zweiten Tag, bis der Vorgriff der Beine wiederhergestellt ist, die Rückständigkeit sich normalisiert und sich die Rückenlinie verbessert. Hierbei muss man mit einem Zeitraum von mindestens acht Wochen rechnen. Stangenarbeit empfiehlt sich in den ersten vier Wochen nicht, da dabei oft der Rücken durch den vermehrten Vorgriff der Vorhand in die Extension geht.

Hilfsmittel

Um den Vorgriff des Beines und die dazugehörigen Muskeln zu trainieren, kann man mit Gewichtsmanschetten von 150 Gramm, die in der Fesselbeuge angebracht werden, im Schritt arbeiten. Bitte nur im Schritt, da im Trab und Galopp durch das höhere Tempo der Beine Fliehkraft wirkt und der *M. latissimus* das Vorführen bremst und dadurch trainiert wird.

EINSEITIG VERSPANNTER *M. LATISSIMUS DORSI*

Erscheinungsbild

Ein Vorderbein ist rückständig. Meist ist das, durch die natürliche Schiefe verursacht, das linke Vorderbein, das wir jetzt auch als Beispiel nehmen. Das linke Vorderbein wird am Rumpf etwas nach hinten gezogen. Die rechte Schulter steht so weiter nach vorne, worüber jeder Sattler ein Lied singen kann.

Der linke Fesselträger wird vermehrt belastet, der Rücken kommt im Bereich von Brustwirbel 16 und Lendenwirbel 1 in die Extension und, da einseitig, zugleich in eine Drehung dieser Wirbel. Die einseitig verspannte *Fascia thoracolumbalis* zieht über ihren Ansatz an der Darmbeinleiste die gleichseitige Beckenhälfte nach vorne *(ilium upslip)*. Damit wird das linke Hinterbein vermehrt nach vorn unter den Schwerpunkt gezogen, während das rechte Hinterbein nicht mehr soweit untertreten kann.

Die meisten Pferde sind vorn links rückständiger als vorn rechts. Im Training sollte dann mehr Wert auf Geraderichtung gelegt werden.

Ursache

Einseitige Rückständigkeit liegt häufig an der Schwäche des kontralateralen Hinterbeins. Da in allen Grundgangarten die diagonale Fußung vorherrscht, fehlt in diesem Fall die Schubkraft des Hinterbeins, und das Pferd muss dieses Defizit mit vermehrter »Ziehkraft« des kontralateralen Vorderbeins mit dem *M. latissimus dorsi* kompensieren. In diesem Fall müssen bei verschmächtigten Muskelgruppen des Hinterbein auftrainiert werden. Ursache kann aber auch ein die *Fascia thoracolumbalis* irritierender und dadurch die Faszie verspannender Sattel oder ein unausbalancierter Reiter sein. In diesem Fall muss der Vorgriff der betroffenen Vorhand wie bei der beidseitigen Rückständigkeit verbessert werden und vor allem die Ursachen abgestellt werden.

Ursächlich kann auch eine Muskelverletzung sein, ein Tritt auf den *M. biceps femoris* oder auf den *M. tensor fasciae latae*. Durch diese Verletzungen können sich die betroffenen Muskeln zusammenziehen und das Hinterbein nach außen ziehen.

Trainingstipps

Das kontralaterale Hinterbein muss auftrainiert werden, nur so kann der *M. latissimus dorsi* entlastet und ein normaler Tonus wiederhergestellt werden. Aufgrund der natürlichen Schiefe wird das rechte Hinterbein in einer Außendrehung nach außen gestellt, um die 30 Liter Blinddarm in der rechten Flanke zu unterstützen. So erstarken die Abduktoren (Beinabspreizer) und Außenrotatoren des Beines und das Bein entwickelt durch seine Haltung mangelnde Schubkraft. Also müssen die Heranführer des Beins, die Adduktoren, trainiert werden. Wichtig ist, dass man Muskulatur nur in der Stützbeinphase und nicht in der Hangbeinphase auftrainieren kann. Das rechte Hinterbein muss also in der Hangbeinphase nach außen geführt werden und in der Stützbeinphase den Rumpf mit den Adduktoren heranziehen. Man kann das sehr gut im Schritt trainieren, da jetzt die Stützphase länger dauert und das Pferd diesen Bewegungsablauf speichert. Lektionen sind z.B. Schenkelweichen nach rechts, ganzer Travers nach rechts. Oder erst im Schritt und wenn der Bewegungsablauf stabil ist auch im Trab: Travers linke Hand, Renvers rechte Hand. Dies Training sollte solange dauern und immer wieder aufgenommen werden, bis sich das rechte Hinterbein von hinten betrachtet deckungsgleich mit dem rechten Vorderbein bewegt. Gegen das linke *Ilium upslip* (Becken steht links weiter vorn) hilft der Rechtsgalopp, da in diesem Fall die rechte Beckenhälfte mit dem inneren Hinterbein mit nach vorn genommen wird.

Liegt eine Muskelverletzung der äußeren Kruppenmuskeln vor, muss genauso vorgegangen werden. Zusätzlich können Traumen mit Faszientherapie oder Elektrotherapie behandelt werden.

VERSPANNTER *M. PECTORALIS PROFUNDUS*: BEIDSEITS VERSPANNT

Erscheinungsbild

Beide Vorderbeine stehen aus dem Schultergelenk nach innen gedreht, was man an den nach innen zeigenden

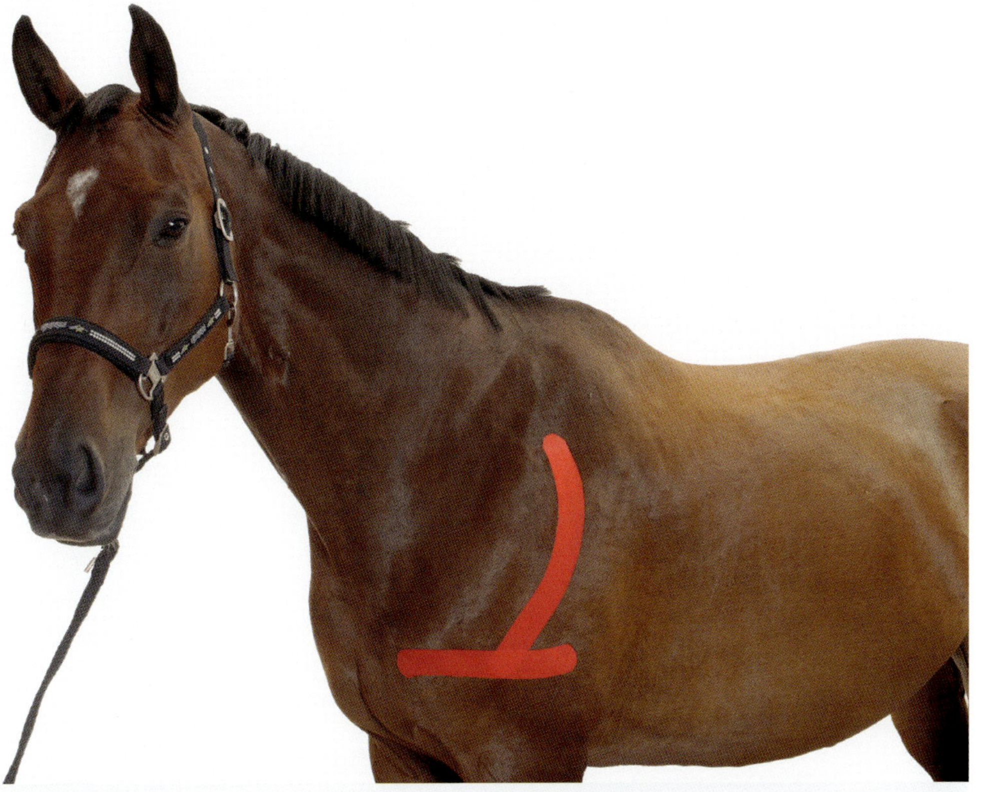

Diese Tapeanlage spricht den *M. deltoideus* an, den Gegenspieler des tiefen Brustmuskels.

Karpalgelenken erkennt. Oft stehen oder gehen die Pferde bodeneng mit Streichen der Vorderbeine. Sie können auch eine Empfindlichkeit beim Gurten zeigen.

Ursachen

Es sind die gleichen wie bei dem beidseits verspannten *M. latissimus dorsi*, da der *M. pectoralis profundus* ein Synergist dieses Muskels ist und ihm hilft, den Rumpf über das stehende Bein zu ziehen. Aber in diesem Fall ist das Training schon über einen längeren Zeitraum unphysiologisch durchgeführt worden. Die Vorhand ist aus ihrer orthograden Stellung gebracht worden, die Hufinnenwände sind medial über eine große Strecke steil und außen entsteht ein Zehenabweiser. In der Längsbiegung hat das Pferd mit dem inneren Bein große Schwierigkeiten, da der Huf nach außen zeigt. Es hilft sich, indem es über die innere Schulter in die Wendung kippt oder auf die äußere Schulter drängelt. Wenn man den Huf aufnimmt, sieht man oft, dass der Strahl des Hufes nach innen zeigt. Die Testung des Hufgelenks ergibt häufig, dass es gar nicht mehr in die normale Stellung gebracht werden kann. Das Pferd ist in dieser verbrauchenden Stellung fixiert.

Trainingstipps

Das Pferd sollte in Dehnungshaltung schonend (keine Galopparbeit, keine Sprünge) auf großen Linien gearbeitet werden, um die Kompensationsbewegungen der Schultern zu vermeiden. Die Schubkraft der Hinterbeine kann dadurch nur sehr langsam aufgebaut werden, da das Pferd in dieser Haltung und Linienführung kaum untertritt. Man muss in diesem Fall auch eher von einer Rehabilitation oder das Managen einer Behinderung ausgehen. Es empfiehlt sich die Dauermethode im Schritt und Trab. Die Stärke der Innendrehung sollte sich vermindern und im Weiteren sollte sich die Hufform verbessern.

Hilfsmittel

Man kann den Gegenspieler des *M. pectoralis profundus*, den *M. deltoideus*, tapen. Zusätzlich kann man im Schritt mit Gewichtsmanschetten arbeiten, um so die Vorführphase nach vorne und außen zu trainieren.

TIEFER HALSAUFSATZ UND ANSTEIGENDE RÜCKENLINIE: BEIDSEITIG TIEFER HALSAUFSATZ

Erscheinungsbild

Der sechste und siebte Halswirbel kommt sehr tief aus dem Schulterblatt, der Widerrist »hängt« zwischen den Schulterblättern und das Pferd hat eine nach dem Widerrist ansteigende Rückenlinie.

Ursache

Ein schwacher *M. serratus ventralis*, der Muskel, der den Rumpf zwischen den Schulterblättern trägt, und eine schwache *Fascia spinocostotransversalis*, die den Muskel stark mit dem Rumpf verbindet. Oft ist dies verbunden mit einem schwachen *M. longus colli*, der die Halswirbelsäule und die vordere Brustwirbelsäule von unten stützt.

Trainingstipps

Der Rumpfträger *(M. serratus ventralis)* und die *Fascia spinocostotransversalis* (Widerristbinde) müssen auftrainiert werden. Muskeln und Faszien kann man im sogenannten Dehnungs-Verkürzungszyklus mit der Dauermethode im eigenen Takt des Pferdes kräftigen. Am gleichmäßigsten geschieht dies im Trab, da durch die Schwebephase und die diagonale Fußung eine rhythmische Be- und Entlastung stattfindet. Der Stretch entsteht durch das Absinken des Fesselkopfes in der Stützbeinphase, in der das Schulterblatt am Rumpf nach unten gezogen wird. In diesem Moment wird die *Fascia spinocostotransversalis* gedehnt und reagiert zeitgleich mit den gedehnten Sehnen mit einer Verkürzung. Das Schulterblatt federt dadurch

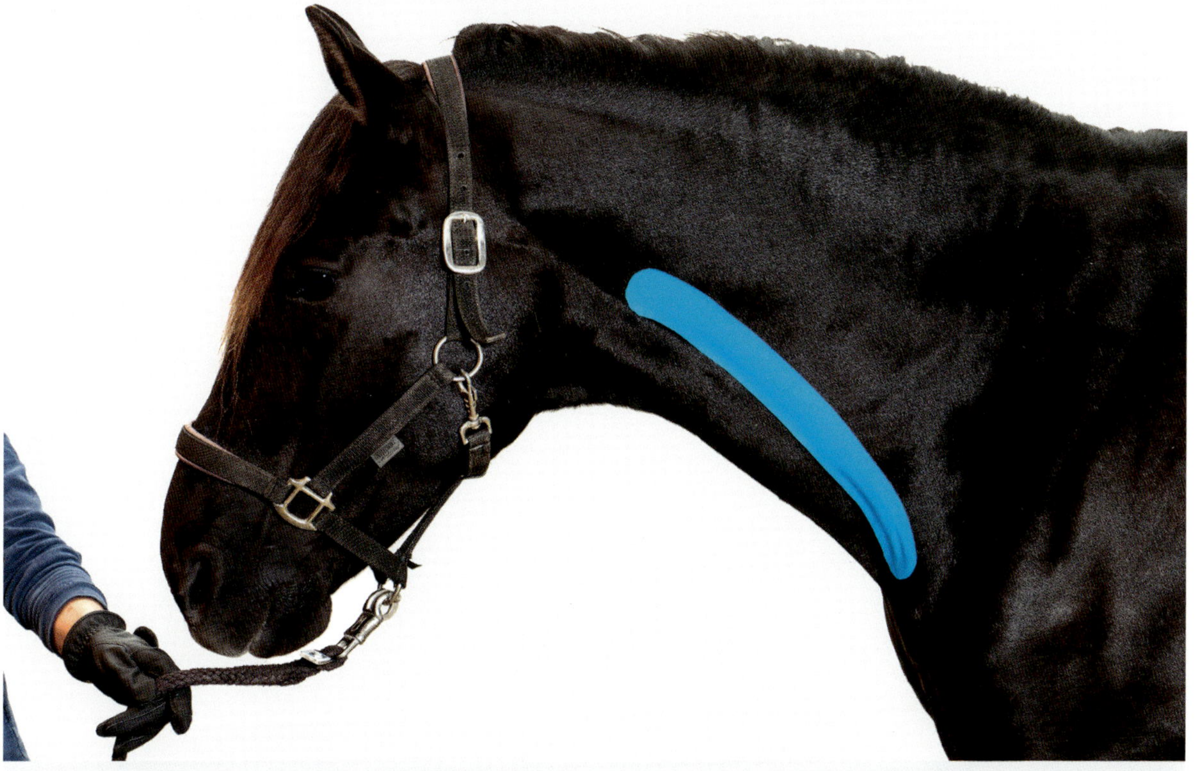

Dieses Tape aktiviert den *M. longus colli.*

am Rumpf nach oben zurück und so wird der Muskelbauch des *M. serratus ventralis* gedehnt. Seine ihn umgebende Muskelfaszie reagiert wiederum mit Verkürzung.

Man sollte sich immer vor Augen halten, dass ein Muskel schneller erstarkt als eine Faszie. Wenn man eine starke und gleichzeitig mobile myofasziale Befestigung des Rumpfes an der Schulter haben möchte, musss man in einem Zeitraum von einem Jahr bis zur Faszienreifung denken. Aber dann ist der Halsaufsatz stabil angehoben, der Rumpf und die Rückenlinie sind stabil. Zu Beginn kann man durch die Dehnungshaltung die Hals- und Brustwirbelsäule von oben mit dem Nacken- und Rückenband stabilisieren, so dass zu Beginn das Rumpfgewicht keine zusätzliche Belastung auf den Rumpfträger und die Faszien bringt. Steigern kann man das Training als Kraftausdauertraining durch das Reitergewicht auch erst in Dehnungshaltung. Dann kann man über die zunehmende Beizäumung die obere Verspannung lösen und so das Gewicht des Rumpfes und dann auch das Reitergewicht ganz vom Rumpfträger und der Faszie auffangen lassen. Eine Überlastung erkennt man an der Höhe des Halsaufsatzes und hört sie an einem vermehrten Stampfen der Vorderbeine.

Auch wenn die Längsbiegung im Training zu stark wird und dadurch Ansatz und Ursprung des *M. serratus* so angenähert werden, dass er insuffizient wird, kann man das Absinken des Halsaufsatzes und ein vermehrtes Stampfen des Vorderbeins beobachten.

M. longus colli und *M. longus capitis*

Der *M. longus colli* bildet zusammen mit dem *M. longus capitis* die ventrale Kette des Halses. Um den Halsaufsatz von unten zu tragen, muss er trainiert werden. Vom Boden aus mit einer Längsbiegung des Halses, weil so die dorsale Kette des Halses gebrochen wird. Reiterlich soll das Pferd sich vom Gebiss abstoßen. Wichtig ist, das Tempo nicht zu hoch zu wählen, da sonst die dorsale Kette des Halses anspringt.

Hilfsmittel

Tape um den sechsten Halswirbel zur Tonisierung des *M. longus colli*.

EINSEITIG TIEFER HALSAUFSATZ

Erscheinungsbild

Einseitiger tiefer Halsaufsatz, die Schulter erscheint auf dieser Seite näher am Widerrist.

Ursache

Einseitiges Training. Der Reiter reitet im Gelände z.B. immer im Rechtgalopp oder auf dem Platz am liebsten auf einer Hand.

Trainingstipps

Änderung des Trainings: Die schwache Seite darf über einige Wochen im Verhältnis 2 : 1 in der Längsbiegung zu dieser Seite arbeiten, bis der Halsaufsatz sich hebt. Dabei dosiert beginnen mit häufigen Handwechseln und auf Ermüdungszeichen achten!

Hilfsmittel

Tape um den sechsten Halswirbel, Tipps zum Tapen finden Sie im Buch Tapingpraxis für Pferd und Reiter von Barbara Welter-Böller und Maximilian Welter.

VERSPANNTE KURZE NACKENSTRECKER

Erscheinungsbild

Verspannte Muskeln hinter dem Genick bis zum zweiten Halswirbel.

Ursache

Zu starke dorsale Kette in der Halswirbelsäule, das Pferd geht gegen die Hand.

Aber auch die Haltungsform kann zu Verspannungen führen, etwa wenn das Pferd konstant den Kopf über die Boxentür halten muss, um etwas sehen zu können.

Trainingstipps

Training des Antagonisten, den *M. longus capitis* und weiterlaufend des *M. longus colli* durch handunabhängigeres Reiten. Das Pferd sollte sich vom Gebiss abstoßen. Auch die Arbeit in Längsbiegung ohne Hilfszügel ist sinnvoll. Das Tempo sollte so gewählt werden, dass die dorsale Kette nicht anspringt, das Pferd also zwanglos bis losgelassen geht und nicht eilt.

SENKRÜCKEN

Erscheinungsbild

Der Rücken des Pferdes ist in der Extension, der Gipfelpunkt der Streckung ist in dem Bereich vom 17. Brustwirbel bis zum zweiten Lendenwirbel.

Ursachen

Schwäche des Wirbelkörperbandes
Lig. longitudinale ventrale:
Das ventrale Längsband zieht in der Brust- und Lendenwirbelsäule bauchwärts von einem Wirbelkörper zum

Diese Friesenstute zeigt die Tendenz zum Senkrücken.

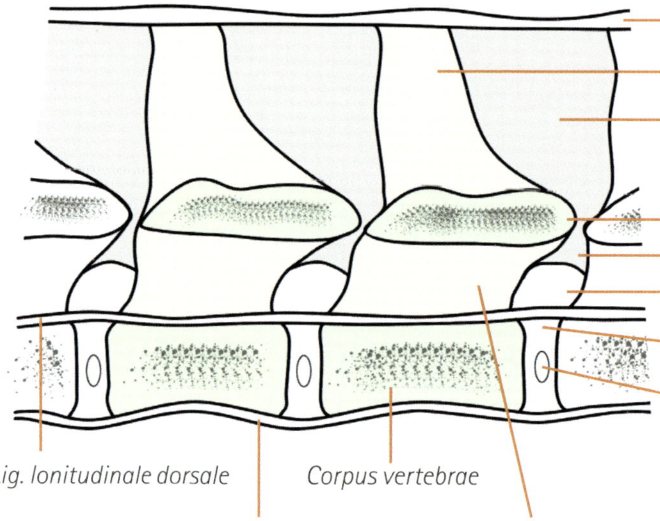

Dieses Bild zeigt die Bänder der Wirbelsäule.
Das ventrale Längsband gerät bei senkrückigen Pferden stark unter Druck. (Grafik: ravenstein2)

anderen und überspringt den Bandscheibenraum. Es begrenzt die Extension im Rücken, kann aber durch zu viel Druck von oben nachgeben. Wenn ein Pferd zu schnell aufgerichtet gearbeitet wird, wird der Rücken nicht durch die obere Verspannung des *Lig. supraspinale* von oben gehalten und der Rücken gibt nach.

Ist das Pferd dann noch unpassend besattelt und wird von einem unausbalancierten schweren Reiter geritten, kann das ventrale Längsband nicht dagegenhalten. Pferde mit rassetypischer Aufrichtung neigen zu einem »weichen« Rücken und haben vermehrten Druck auf das Längsband. Auch die spinalen Bänder sind Faszien und sie brauchen Zeit und ein kontrolliertes Training, um zu erstarken. Ein starker Rücken braucht starke Faszien.

Wird der Druck auf das ventrale Längsband zu stark, baut das Band Knochenspangen an den Wirbelkörperrändern an, die bei weiterer Belastung den Bandscheibenübergang verknöchern. Bei Hunden ist diese Erkrankung, die Spondylose, ein bekanntes und weitverbreitetes Problem. Der Rücken des Pferdes bricht nicht durch, ist aber im Spätstadium in dieser Position recht fest fixiert.

Schwäche der Bauchmuskulatur:
Um den Rücken von unten zu tragen und um das ventrale Längsband zu unterstützen, braucht das Pferd gut trainierte Bauchmuskulatur. Wurde der Rücken zu früh unphysiologisch belastet, ohne dass die Bauchmuskeln erstarkt sind, entwickelt sich ein Senkrücken. Hier ist zum Erhalt der gesunden

Rückenlinie der gerade Bauchmuskel, der *M. rectus abdominis*, besonders wichtig, da er die untere Verspannung ab der achten Rippe bis zum Schambein übernimmt.

Die Besonderheit des geraden Bauchmuskels sind die ca. acht queren Faszienstreifen, die in den Muskel eingelagert sind. Beim Menschen erkennt man sie als das sogenannte Sixpack. Dies ist ein Hinweis darauf, dass der *M. rectus abdominis* viel Dauerspannung erbringen muss. Bei einem untrainierten Bauchmuskel sind sie elastisch, im Training werden sie durch zunehmende Kollagenfasern fester. So wird die Bauchdecke straffer und kann den Rücken von unten halten. Auch hier spielt die Faszienreifung und -stärkung neben dem Training der Muskulatur eine entscheidende Rolle. Hat man die Bauchmuskulatur eines Pferdes gut auftrainiert, bleibt die Faszienspannung der Sehnenstreifen und Muskelhüllen über mindestens zwei Jahre erhalten.

Trainingstipps

Kontrollierte Stärkung des ventralen Längsbands *(Lig. longitudinale ventrale)*: Ein Ligament erstarkt durch Druck und Zug. Damit es nicht verletzt wird oder zu stark und damit bewegungseinschränkend wirkt, muss es dosiert und in dem ausreichenden Zeitraum trainiert werden. Von der Sehnenheilung bei Pferden weiß man, dass eine rupturierte oder verletzte Sehne ein Jahr Ausheilungszeit braucht, dann aber noch immer nicht die volle Belastungsstabilität erreicht hat. Daraus kann man ableiten, dass Sehnen oder andere Faszien diese Zeit brauchen, um Zug- und Druckbelastungen zu widerstehen. Bei Menschen braucht man zwei Jahre, um ein Fasziensystem zu stabilisieren. Das entspricht wiederum den Remontezeiten bei Pferden: Im ersten Jahr Training spricht man von der jungen Remonte, ab dem zweiten Jahr von der alten Remonte. Entsprechend steigern sich die Anforderungen.

Wenn das Pferd einen noch weichen, in die Extension federnden Rücken oder schon einen Senkrücken hat, muss man bis zur Stabilisierung der Rückenlinie in der Dehnungshaltung arbeiten, um den Rücken durch die Spannung des Nacken-Rückenband-Systems anzuheben und von oben zu stabilisieren. Man muss für jedes Pferd die individuelle Dehnungshaltung finden, sie sollte so hoch oder tief sein, dass der Rücken sich anhebt. In dieser Haltung ist es am besten, mit der Dauermethode im Trab zu arbeiten, da der Rücken in dieser Gangart eine Vertikalbewegung macht und die beiden miteinander arbeitenden Rückenbänder, das *Lig. supraspinale* und das *Lig. longitudinale ventrale*, so rhythmisch trainiert und kontrolliert gekräftigt werden können. Ausschlaggebend ist das richtige Tempo im Trab:

Eine Tapeanlage auf dem geraden Bauchmuskel kann beim Auftrainieren helfen.

Es muss so gewählt werden, dass der Rücken des Pferdes nach oben schwingt.

Den Fortschritt der Bandstabilisation kann man am besten in den Übergängen von Trab in den Schritt erkennen. In diesem Moment sollte der Rücken nicht stark nach unten federn. Bei einem weichen, instabilen Rücken sieht man oft ein- bis zu dreimaliges starkes Federn in die Extension.

Wenn der Rücken durch das Training in der Dauermethode stabiler geworden ist, kann man den Druck auf das ventrale Längsband durch vermehrte Aufrichtung des Pferdes mit der damit einhergehenden Entspannung des Nacken-Rückenband-Systems verstärken. Der Rücken sollte aber nicht stark und lange in die Extension federn. In diesem Fall sollte man den Druck auf das Band mit der Dehnungshaltung immer wieder zurücknehmen. Auch die Übergänge von einer höheren Gangart in eine niedrigere trainieren die beiden Rückenbänder durch die starke rhythmische Bewegung nach oben und unten.

Ob man mit oder ohne Reiter trainiert, hängt vom reiterlichen Können und vom Sattel ab. Ein Reiter, der so geschmeidig sitzt, dass der Rücken nach oben schwingen kann, ist durch sein Gewicht ein guter Trainingsreiz. Wenn er gegen die Rückenbewegung sitzt und die Dehnungshaltung nicht reiten kann, dann schädigt er die Rückenbänder. Auch ein unpassender Sattel, der die Bewegung des Rückens nach oben blockiert, belastet das ventrale Längsband unphysiologisch. Das sollte man zu Trainingsbeginn abklären. Vielleicht beginnt man das Training erst ohne Reiter. Wenn der Rücken stabil ist, spricht nichts gegen Reiten, solange sich die Rückenlinie nicht verschlechtert.

Kräftigung der Bauchmuskeln

Die Bauchmuskeln kann man in der Längsbiegung auf der inneren Seite kräftigen. Am stärksten wirkt die Galopparbeit, aber es ist für die Gelenke die anspruchsvollste Belastung und diese sollte zur Gelenksstabilisation erst einmal über mindestens ein halbes Jahr in der Dauermethode im Trab in gleichmäßig wechselnden Längsbiegungen erarbeitet werden. Wichtig ist das Ansprechen der ventralen Kette durch ein passendes Tempo, es darf nicht zu schnell sein, da dann die dorsale Kette des Pferdes anspringt.

Hilfsmittel

Tapen des *M. rectus abdominis*, Tapen des sechsten Halswirbels zum Ansprechen der ventralen Kette.

Ein Tape um den sechsten Halswirbel unterstützt die ventrale Muskelkette.

GERADE KRUPPE

Erscheinungsbild

Die Kruppe ist gerade und das Pferd hat einen hohen Schweifansatz. Es tritt mit den Hinterbeinen weniger unter, die Hankenbeugung ist erschwert. Beim Rückwärtsrichten weicht es mit geraden Hinterbeinen zur Seite aus.

Ursachen

1. Zu schwache Bauchmuskeln: Meist eine Schwäche des geraden Bauchmuskels, des *M. rectus abdominis*.

2. Zu schwache Hosenmuskeln (*M. biceps femoris, M. semitendinosus, M. semimembranosus*) und schwacher *M. iliopsoas*.

3. Im Verhältnis zu starker *M. gluteaus medius*.

Das Pferd wird in einem zu hohen Tempo in der dorsalen Kette trainiert.

Trainingstipps

Hier ist ein gemeinsames Training der zu schwachen Muskelgruppen möglich. Durch vermehrte Anspannung des *M. rectus abdominis* im passenden, ruhigen Tempo mit möglicher Längsbiegung wird das Untertreten der Hinterbeine ermöglicht. Auf der Innenseite der Biegung wird durch die Stellung der Lendenwirbelsäule der Hüftbeuger, der *M. iliopsoas*, der Antagonist zum *M. glutaeus medius* durch das vermehrte Untertreten aktiviert. Die Hosen sind in der vorderen bis mittleren Stützbeinphase des Hinterbeins aktiv und strecken in dieser Phase das Knie. Durch die

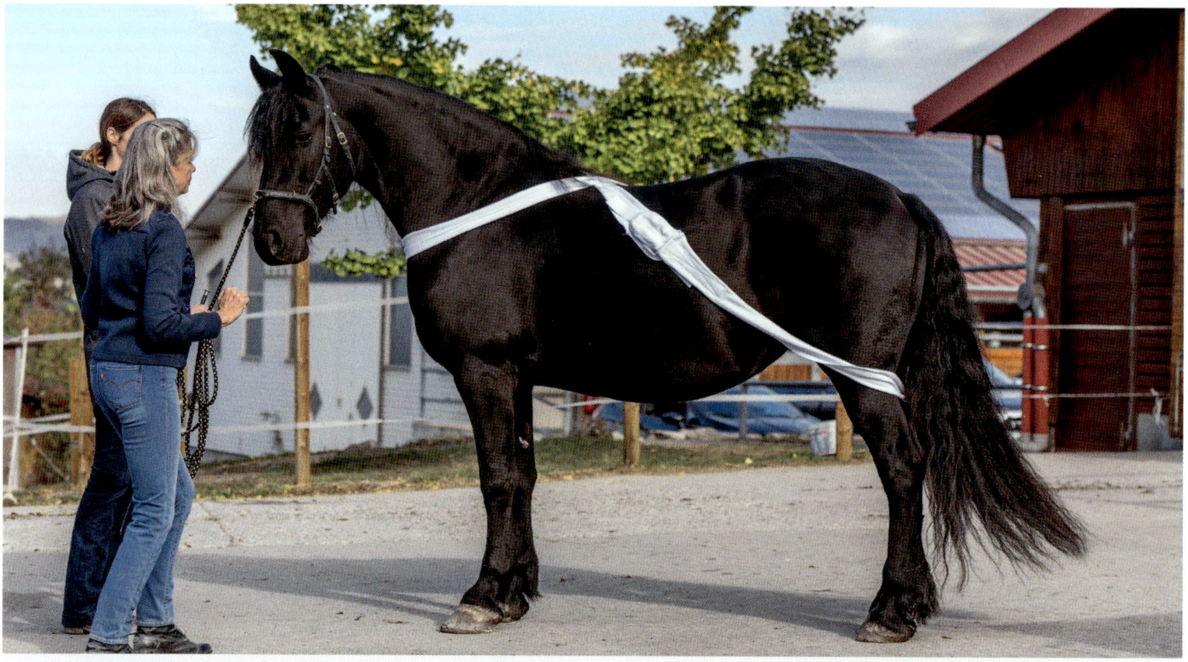

Das Körperband wird locker angebracht und kann die hintere Stützbeinphase etwas verkürzen. Zudem nimmt das Pferd Hinterhand und Halsaufsatz besser wahr, was das Gangbild positiv verändern kann.

Gewichtsmanschetten werden nur kontrolliert im Schritt eingesetzt und können die Gegenspieler des breiten Rückenmuskels auftrainieren.

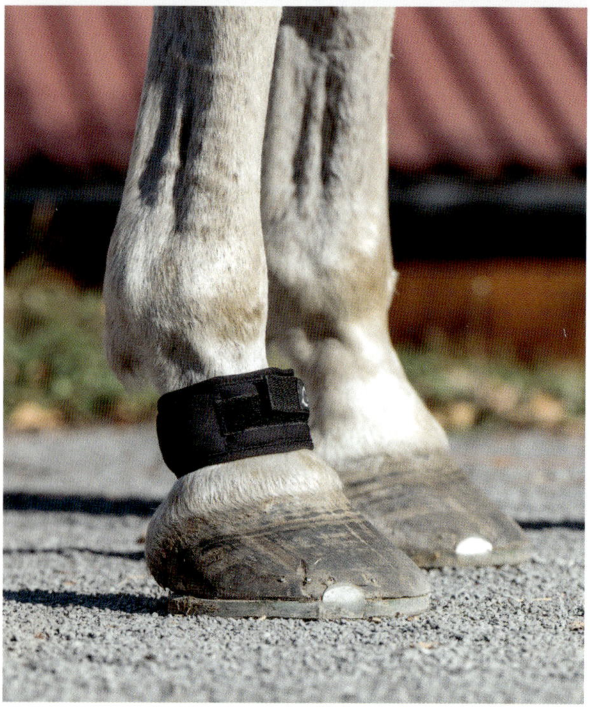

Seitneigung der Lendenwirbelsäule ist die mittlere bis hintere Stützbeinphase blockiert und der *M. glutaeus medius* arbeitet vermindert. Auch die Galopparbeit ist eine gute Trainingsmöglichkeit, die inneren Bauchmuskeln und das innere Hinterbein wird gut in der vorderen bis mittleren Stützbeinphase gekräftigt.

Hilfsmittel

Körperbandage um die Kniekehlen, um die kaudale Phase etwas zu verkürzen.

An beiden Hinterbeinen je 200 Gramm Gewichtsmanschetten zur Kräftigung des *M. iliopsoas* im Schritt.

Wozu Gewichtsmanschetten?

Wenn wir bei unseren Trainingstipps Gewichtsmanschetten von 200 Gramm empfehlen, so haben wir nicht die Absicht, damit im Trab den Bewegungsablauf der Vorderbeine zu verbessern oder die Vorhandbewegung der Isländer zu verstärken. Wir verwenden sie als physiotherapeutische Maßnahme, um unphysiologisch verschmächtigte Muskulatur aufzutrainieren, verringerte Mobilität zu erarbeiten und so die Statik des Pferdes zu verbessern und orthograde Gelenkstellungen wiederherzustellen. Sie sollten, wie in den Trainingstipps empfohlen, nur im Schritt angewandt werden. In den schwungvollen Gangarten wie Trab und Galopp entwickeln die Gewichte Fliehkraft nach vorne und müssen abgebremst werden. So werden gerade die Muskeln exzentrisch, also stark trainiert, die man auf keinen Fall tonisieren möchte. Wichtig ist auf die Ermüdung der angesprochenen Muskeln zu achten. Wenn das Pferd das Vorderbein trotz Gewichtsmanschetten nicht mehr weiter vorführt oder das Sprunggelenk weniger anbeugt, dann ist es durch den Trainingsreiz erschöpft und die Gewichtsmanschette sollte entfernt werden. Das kann am Anfang nach fünf Minuten, später nach zehn oder zwanzig Minuten sein.

ZU SCHRÄGE ODER ABGESCHLAGENE KRUPPE

Erscheinungsbild

Das Pferd hat eine sehr schräge oder sogar abgeschlagene Kruppe und einen tiefen Schweifansatz, ohne dass dies rassetypisch erwünscht ist. Die Knie- und Sprunggelenke können normal oder auch steil gewinkelt sein.

Ursachen

1. Zu starke Bauchmuskulatur (hochgeschürzter Bauch)

Die Bauchmuskeln wurden zu stark trainiert, zum Beispiel durch zu viel Galopparbeit auf stark gebogenen Linien. Ein stark verspannter Bauch kann aber auch ein Zeichen von starkem Stress sein (der mit sehr leistungsorientiertem Training einhergehen kann). In diesem Fall sind die Knie- und Sprunggelenkswinkel normal.

2. Zu starke Hosen

Das Pferd wurde mit den Hinterbeinen zu stark und zu früh mit noch nicht ausgereiftem *M. fibularis tertius* (Sprunggelenksbeuger, siehe Kapitel zur Hinterhand) in der vorderen bis mittleren Stützbeinphase gearbeitet. Der *M. glutaeus medius* ist im Gegensatz zu den Hosen zu schwach. Oft sind die Bauchmuskeln in diesem Fall hyperton.

Tapeanlage für das Training des *M. glutaeus medius.* (Foto: Rolf Kosecki)

Die starken Hosen führen mit ihrer Spannung der Kniefaszie zu einem geraden Knie und damit zu einem geraden Sprunggelenk. Eine andere Ursache des Hypertonus der Hosen kann der Versuch des Pferdes sein, über eine Schrägstellung des Kreuzbeins seine Lendenwirbelsäule zu stabilisieren. Das kann bei Pferden mit hoher Aufrichtung der Fall sein oder vorkommen, wenn ein Pferd ohne genügendes Training einen schweren Reiter mit einem unpassenden Sattel mit vielleicht noch zu weit nach hinten verlegtem Schwerpunkt tragen muss. Bei nicht ausreichender Bauchmuskulatur hängt dieses Gewicht dann zu stark am lumbosakralen Übergang und das Pferd versucht, sich mit dem Anspannen der Hosen zu helfen. In diesem Fall muss die Ursache dringend abgestellt und das ventrale Längsband und die Bauchmuskeln auftrainiert werden (siehe Abschnitt dazu).

Trainingstipps

Wenn der Hypertonus der Bauchmuskulatur durch Übertraining und den dadurch entstandenen Stress entstanden ist, muss das Training und die Stressbelastung reduziert werden. Ansonsten sollte man das Pferd »entsammelnd« reiten, es also in Dehnungshaltung in einem etwas höheren Tempo in der dorsalen Kette geradeaus und auf großen Linien bewegen, bis sich die Kruppenstellung und gegebenenfalls die Knie- und Sprunggelenkswinkel wieder verbessern.

Hilfsmittel

Cavalettiarbeit mit großen Distanzen im Schritt und Trab.

Tape *M. glutaeus medius*, beginnend ab dem dritten Lendenwirbel.

SCHRÄGE KRUPPE DURCH EINEN VERSPANNTEN *M. ILIOPSOAS*

Erscheinungsbild

Das Pferd hat eine sehr schräge Kruppe mit einem eher treppenförmigen lumbosakralen Übergang, die Knie- und Sprunggelenkswinkel sind normal.

Ursachen

Das Pferd hat nach hinten ausgeschlagen und sich die Muskeln gezerrt. Aber auch Kummer und Stress können zur Verspannung dieses Muskels führen. Bei Wallachen kann die Haltung auf ein Kastrationsproblem hinweisen.

Trainingstipps

In Dehnungshaltung Training der Hinterbeine in der mittleren bis hinteren Stützbeinphase zur Kräftigung des *M. glutaeus medius*, dem Antagonisten des *M. iliopsoas*.

Da aber bei der Dehnung des *M. iliopsoas* die Lendenwirbelsäule in Streckung gezogen wird, muss man darauf achten, dass man die Dehnung moderat und in der Längsbiegung für das jeweils äußere Bein durchführt. Die Längsbiegung verhindert durch das vermehrt untertretende innere Hinterbein eine Überstreckung der Lendenwirbelsäule.

Hilfsmittel

Cavalettiarbeit im Schritt und Trab mit angepassten Distanzen.

Tape *M. glutaeus medius*, siehe oben.

EIN GERADES KNIE- UND SPRUNGGELENK

Erscheinungsbild

Die Winkel im Knie- und Sprunggelenk sind sehr gerade. Oft ist das Pferd in den hinteren Fesselgelenken durchtrittig bis bärentatzig. Die Schub- und Tragkraft der Hinterbeine ist eingeschränkt, oft ist das Pferd vorn rückständig.

Ursachen

Verspannte Hosen und schwach entwickelte Sprunggelenksbeuger.

Trainingstipps

In der Dehnungshaltung Erarbeitung der mittleren bis hinteren Stützbeinphase des Hinterbeins in einem etwas höheren Tempo geradeaus und auf großen Linien.

Hilfsmittel

Cavalettiarbeit, etwas höher gestellte Cavaletti, mit großen Distanzen im Schritt und Trab. Gewichtsmanschetten an den Hinterbeinen von je 150 Gramm. Diese werden nur im Schritt zur Stärkung der Sprunggelenksbeuger eingesetzt.

STARKE DURCHTRITTIGKEIT BIS BÄRENTATZIGKEIT AN DEN HINTERBEINEN

Erscheinungsbild

Das Pferd ist an den Fesselgelenken der Hinterbeine stark durchtrittig bis bärentatzig mit einer nach hinten gebrochenen Zehenachse. Oft hat es starke Gallen am Fesselgelenk und in der Vorgeschichte auch schon mal Fesselträgerreizungen. Diese Stellung ist meistens kombiniert mit einem geraden Knie- und Sprunggelenk.

Ursachen

Ein zu gerades Sprunggelenk mit einer zu frühen Belastung der Hinterbeine ohne ausreichende Ausreifung des Fesselträgers und der Beugesehnen.

Trainingstipps

Um die faszialen Strukturen kontrolliert zu stärken, sollte das Pferd in Dehnungshaltung in der Dauermethode über mindestens acht Wochen jeweils 60 bis 80 Minuten im Schritt gearbeitet werden. Wenn sich die Zehenachse aufgerichtet hat und das Fesselgelenk nicht mehr so stark überstreckt steht, kann man jeden dritten Tag mit Trabarbeit in Dehnungshaltung beginnen. Wenn der Fesselkopf im Verlauf der Arbeit wieder stärker durchsackt, beendet man das Training für diesen Tag oder man legt eine mindestens vierminütige Pause im Stand ein. Grund: Die Patellafixation im Stand erlaubt die maximale Entspannung der Hinterhandmuskulatur. Nach weiteren acht bis zehn Wochen, abhängig von der Stellungsverbesserung des Fesselgelenks, kann man in Dehnungshaltung mit der Galopparbeit beginnen. Man muss bei diesem Problem in einem Zeitraum von mindestens einem Dreivierteljahr denken, egal, ob es sich um ein junges oder altes Pferd handelt.

Hilfsmittel

Im Schritt kann man über die ersten zehn bis fünfzehn Minuten mit Gewichtmanschetten von je 150 Gramm an den

Hinterbeinen arbeiten, um den Sprunggelenkswinkel zu verbessern.

VORBIEGIGKEIT: INTERMITTIEREND VORBIEGIG

Erscheinungsbild

Das Pferd zeigt im Stand auf einem oder beiden Vorderbeinen immer wieder eine inkonstante Vorbiegigkeit, das Karpagelenk »wackelt«. Die Fesselachse ist nach vorne gebrochen. In allen Gangarten kann das oder die Vorderbeine im Karpalgelenk bis zur Nullstellung durchgestreckt werden.

Ursache

Die intermittierende Vorbiegigkeit ist eine Kompensationshaltung zur Entlastung der oberflächlichen und tiefen Beugesehne, des Fesselträgers, des Fesseltrageapparats, der Gleichbeine und des Strahlbeins. Eine oder mehrere dieser Strukturen sind durch überlastendes Training gereizt. Ist das Pferd beidseitig vorbiegig, kann neben anderen Möglichkeiten eine zu frühe Beizäumung ohne Schubkraft der Hinterhand ursächlich sein. Auch zu frühes Springen von Steilsprüngen und nicht passenden Distanzen, ohne fasziale Ausreifung der Sehnen und des Fesseltageapparats, kann zu diesen Überlastungen führen.

Trainingstipps

Ursache abstellen und bis zum Abklingen der Symptome (Rehabereich) Schritt und Trab in der Dauermethode in Dehnungshaltung auf gebogenen Linien zur Kräftigung der Hinterhand.

Hilfsmittel

Im Training Fesselkopfgamaschen an den Vorderbeinen anlegen, um die gereizten Strukturen in ihrer Arbeit zu unterstützen. Im Schritt mit Gewichtsmanschetten arbeiten, um die Strecker des Vorderbeins zu kräftigen.

EINSEITIG INTERMITTIEREND VORBIEGIGES PFERD

Erscheinungsbild

Wie oben, aber nur auf einem Vorderbein, am häufigsten links.

Ursachen

Meistens eine Schwäche des kontralateralen Hinterbeins bei gleicher Belastungsanforderung an beide Hinterbeine.

Trainingstipps

Auftrainieren des schwachen Hinterbeins (siehe Abschnitt dazu!) soweit möglich in Dehnungshaltung. Wenn Schenkelweichen und Seitengänge zum Auftrainieren eingesetzt werden, nur im Schritt ausführen.

KONSTANT VORBIEGIGES PFERD

Erscheinungsbild

Ein oder beide Vorderbeine des Pferdes sind im Stand konstant vorbiegig und erreichen in der Stützbeinphase nicht mehr die Nullstellung. Die Fesselachse ist nach vorne gebrochen. Die Pferde stolpern oft bei Müdigkeit und sind auch nicht mehr leistungsfähig. Durch die nach vorn gebrochene Fessel-Zehen-Achse entsteht ein konstanter Zug auf die Hufknorpel-Fesselbänder, was zu einer hohen Schale (Hufknorpelverknöcherung) führen kann.

Ursachen

Siehe intermittierend vorbiegig, aber die Kompensationshaltung hat sich durch die Fibrosierung der Unterstützungsbänder der Beugesehnen manifestiert. Diese kann einseitig oder beidseitig auftreten.

Trainingstipps

Die Rehabilitation dieses Zustandes dauert mindestens ein Jahr und man sollte den Vorgang mit Lasertherapie, Magnetfeldtherapie oder Elektrotherapie unterstützen. Das Pferd muss in Dehnungshaltung, soweit diese erstmal möglich ist, im Schritt über ein Vierteljahr auf großen Linien bewegt werden. Wenn sich die Vorbiegigkeit verbessert, kann jeden dritten Tag zur Mobilisierung der Strukturen vorsichtig im Trab gearbeitet werden und erst nach einem Jahr bei Verbesserung des Zustands im Galopp. Die Heilung der konstanten Vorbiegigkeit ist ein sehr langer Weg, manchmal gelingt die vollständige Herstellung einer physiologischen Gelenkstellung nicht mehr.

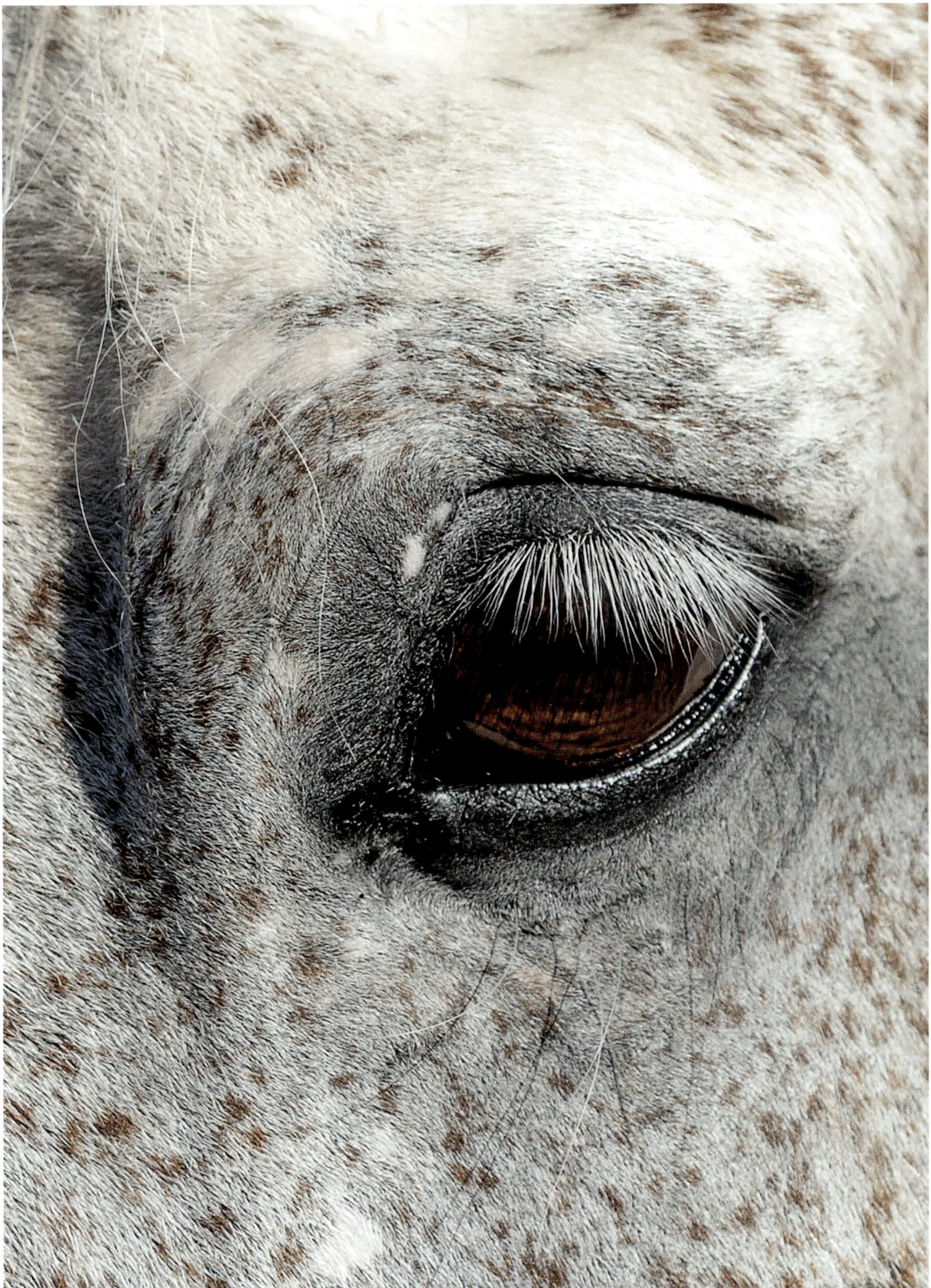

EXTERIEUR-BEURTEILUNG

In der Praxis

VORBEMERKUNG

Wir haben für dieses Kapitel Pferdebesitzer gefragt, ob sie uns Fotos ihrer uns größtenteils unbekannten Pferde zur Beurteilung zur Verfügung stellen. Anhand der eingesandten Bilder wollen wir Ihren Blick schulen für Exterieurmerkmale, die Ihnen etwas über das Training eines Pferdes verraten können. Dazu haben wir die markantesten Punkte gekennzeichnet und mögliche Trainingstipps erwähnt, die Sie im Detail im vorangegangenen Kapitel nachschlagen können.

Wichtig: Unsere hypothetische Trainingsempfehlung kann nur in der Theorie gut sein. Um das individuelle Pferd und dessen Training reell beurteilen zu können, müssten wir das Pferd in der Ganganalyse und unterm Reiter sehen, es osteopathisch befunden, Genaueres zu dessen Vorgeschichte wissen und idealerweise die Meinung des Reitlehrers miteinbeziehen. Zudem hängt es natürlich von der Aufstellung des Pferdes ab, wie gut oder schlecht wir es beurteilen können. Fotos sind super, um einen ungeübten Blick zu schärfen, sie können aber natürlich je nach Perspektive und Lichteinfall trügerisch sein.

EXTERIEURANALYSE WIETSKE

Das sagt die Besitzerin

Die Friesenstute wurde im März 2007 in Holland gezogen. Wietske stand die ersten fünf Lebensjahre auf der Weide. Sie hat Lungen- und Augenprobleme. Sie sieht links nur noch Schemen, das linke Auge wurde operiert. Seit 2011 ist sie bei mir im Training (war schonend angeritten), seit August 2012 mein eigenes Pferd.

Sie ist eine hengstige Stute, die in jungen Jahren sehr aggressiv war und gern unter dem Sattel bockte. Wietske wird nach der klassischen Reitkunst gearbeitet, aber mit viel Abwechslung: Gelände, Freispringen, Longe mit Kappzaum, Handarbeit, Stangenarbeit. Ausbildungsstand etwa L-Niveau, inklusive aller Seitengänge in Schritt und Trab, Piaffe und spanischer Schritt. Passage angefangen.

Nach Trittverletzung hinten links vor etwa sechs Wochen, trainieren wir Wietske gerade langsam wieder auf.

Bekannte Befunde (neben Lunge und Augen):

- schwaches rechtes Knie (rechtes Hinterbein schnürt)
- Becken leicht instabil, vor allem in der Rosse (pünktlich ganzjährig alle drei Wochen)
- Verdacht auf Spat hinten links
- Kalkeinlagerungen Fessel vorne rechts
- nie lahm (bis auf jetzt nach dem Tritt)

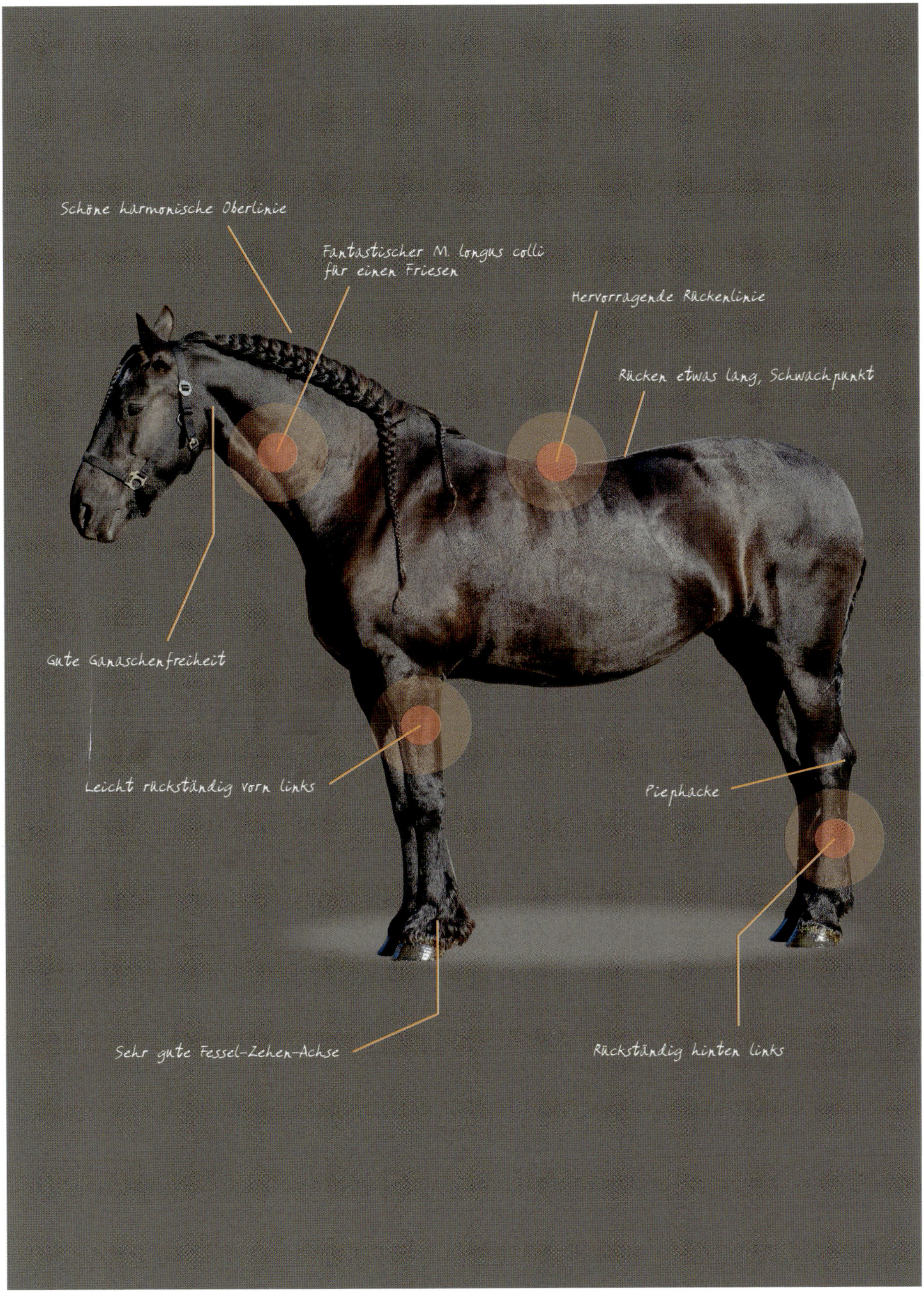
Schöne harmonische Oberlinie
Fantastischer M. longus colli für einen Friesen
Hervorragende Rückenlinie
Rücken etwas lang, Schwachpunkt
Gute Ganaschenfreiheit
Leicht rückständig vorn links
Piephacke
Sehr gute Fessel-Zehen-Achse
Rückständig hinten links

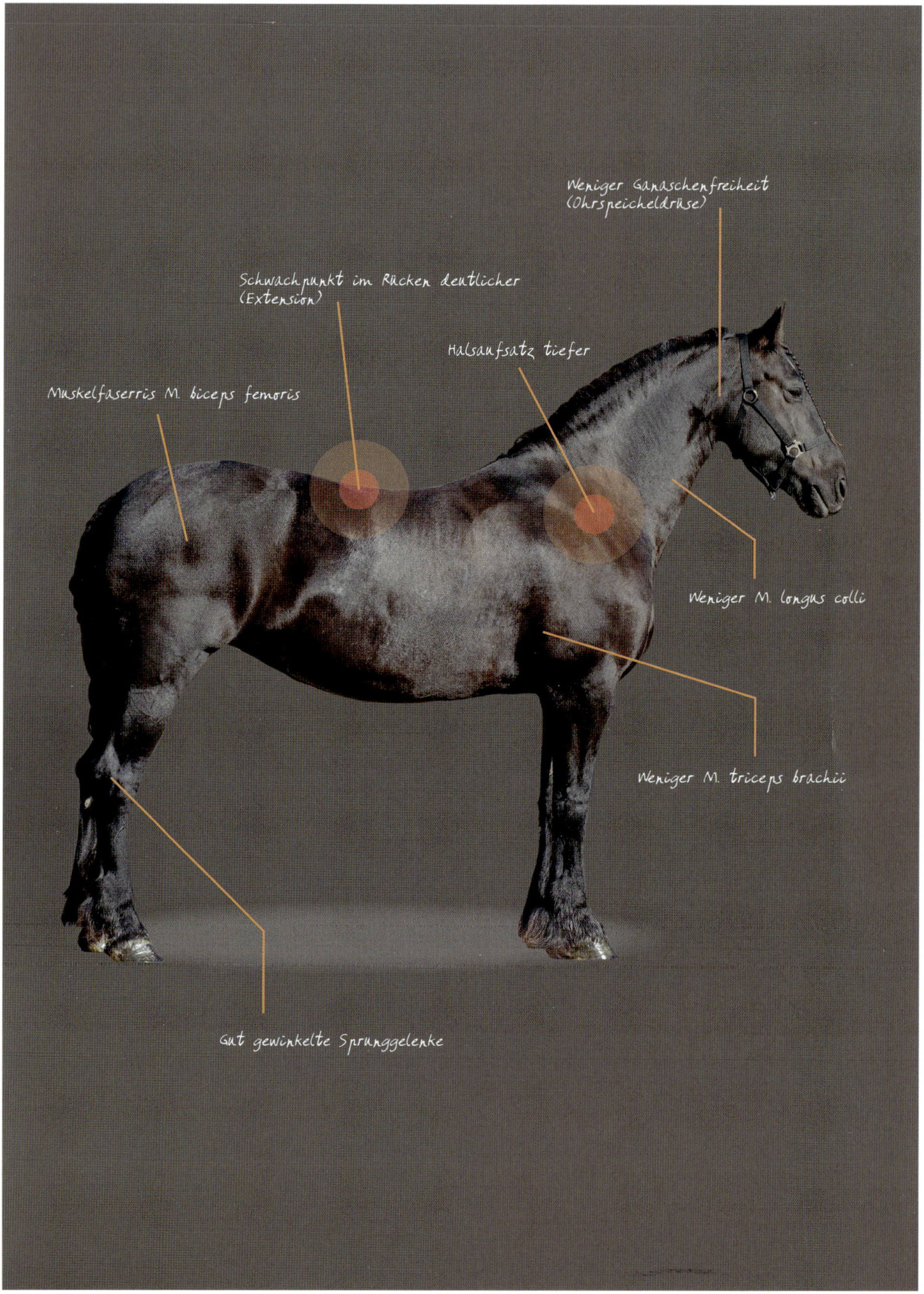
Weniger Ganaschenfreiheit (Ohrspeicheldrüse)
Schwachpunkt im Rücken deutlicher (Extension)
Halsaufsatz tiefer
Muskelfaserriss M. biceps femoris
Weniger M. longus colli
Weniger M. triceps brachii
Gut gewinkelte Sprunggelenke

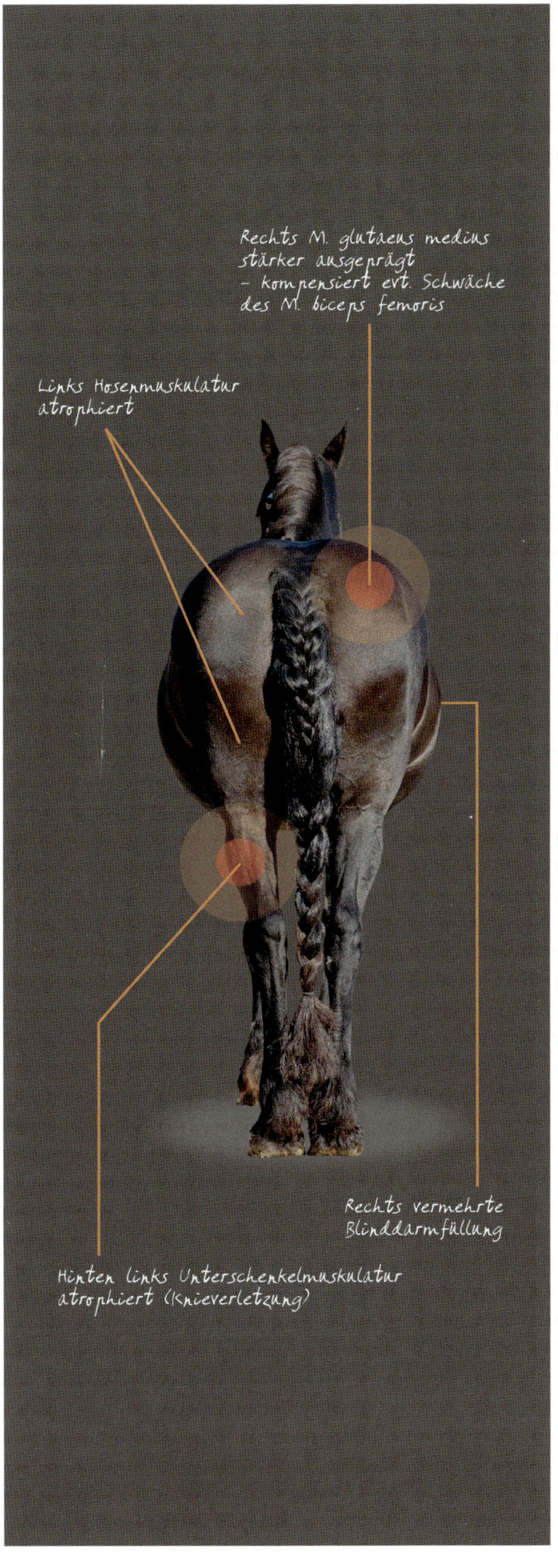

Zusammenfassung

Wietske ist ein sehr gut gearbeiteter Friese mit guter Halsung und schön trainierter ventraler Muskelkette.

Hauptproblem: Etwas langer Rücken mit Schwachstelle im vorderen bis mittleren Lendenbereich. Vielleicht erklärt sich damit die für einen Friesen recht gerade Kruppe. Die Bauchmuskeln können diesen Bereich nicht so gut stützen. Das Pferd ist trotz vermehrter Blinddarmfüllung unnatürlich schief. Hinten links ist deutlich schwächer bemuskelt, was sicher mit der von der Besitzerin beschriebenen Verletzung zu tun hat.

Training: Das linke Hinterbein sollte auftrainiert werden, um das rechte Vorderbein zu entlasten. Auch der rechte *M. longus colli* benötigt Aufbautraining (siehe Trainingskapitel). Die Rückenstabilität im vorderen bis mittleren Lendenbereich sollte unbedingt erhalten werden.

EXTERIEURANALYSE TRAKEHNERWALLACH MEILENSTEIN

Das sagt die Besitzerin

Meilenstein ist ein sechsjähriger Trakehner. Er ist pferdegerecht im Herdenverband aufgewachsen, immer viel draußen gewesen und war maximal im Winter nachts in der Box. Aktuell steht er im Offenstall. Mit vier Jahren wurde er eingeritten und vielseitig ausgebildet. Dressur geht er mittlerweile auf A-Niveau, Springen haben wir diesen Sommer begonnen mit »Springgymnastik«, ansonsten sieht sein Trainingsprogramm Gelände, Longe, Bodenarbeit und Spazierengehen vor ... Meilenstein hat keine besondere Vorgeschichte, Verletzungen oder Unfälle. Beim Anreiten hatte er erst größere Schwierigkeiten mit dem Handgalopp rechts und ist allgemein im Galopp sehr unausbalanciert gewesen. Er hat super große und weite Sprünge gemacht und beginnt dieses Jahr erstmals, sich etwas »zu setzen«. Durch die Springgymnastik ist das Körpergefühl auch nochmal deutlich besser geworden. Ansonsten leicht in der Anlehnung, lässt sich prima fallen und geht gern in Dehnungshaltung.

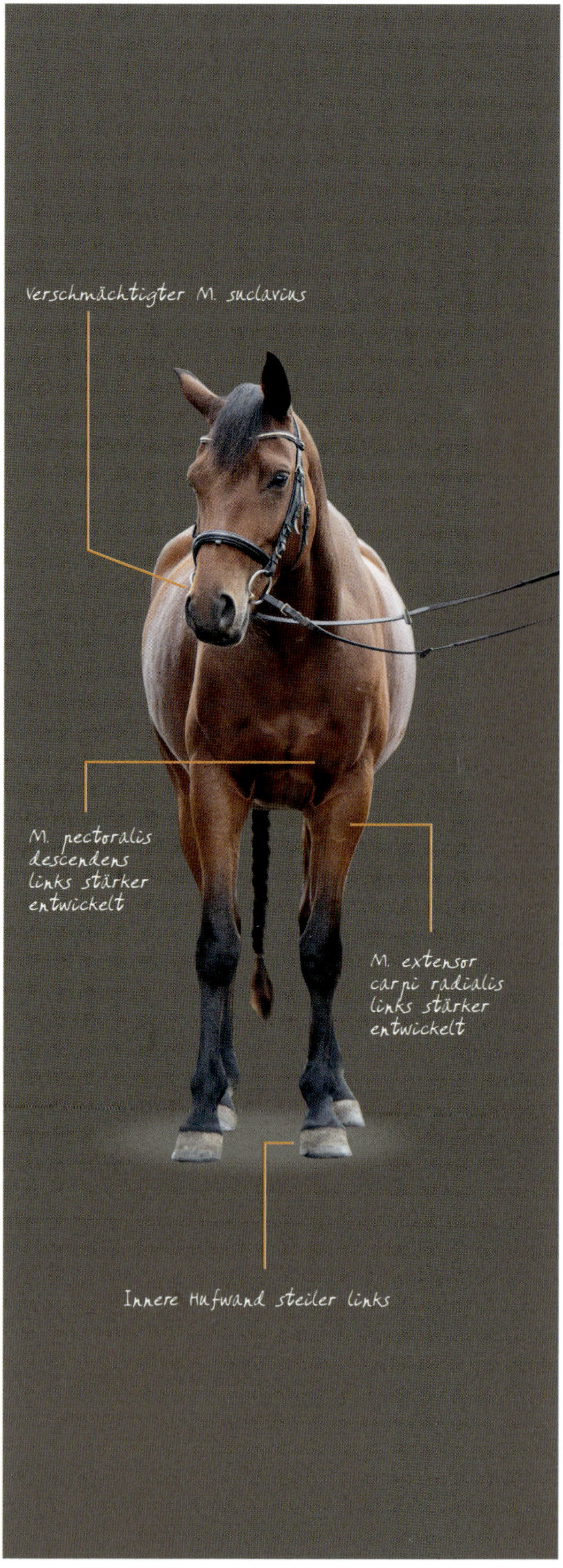

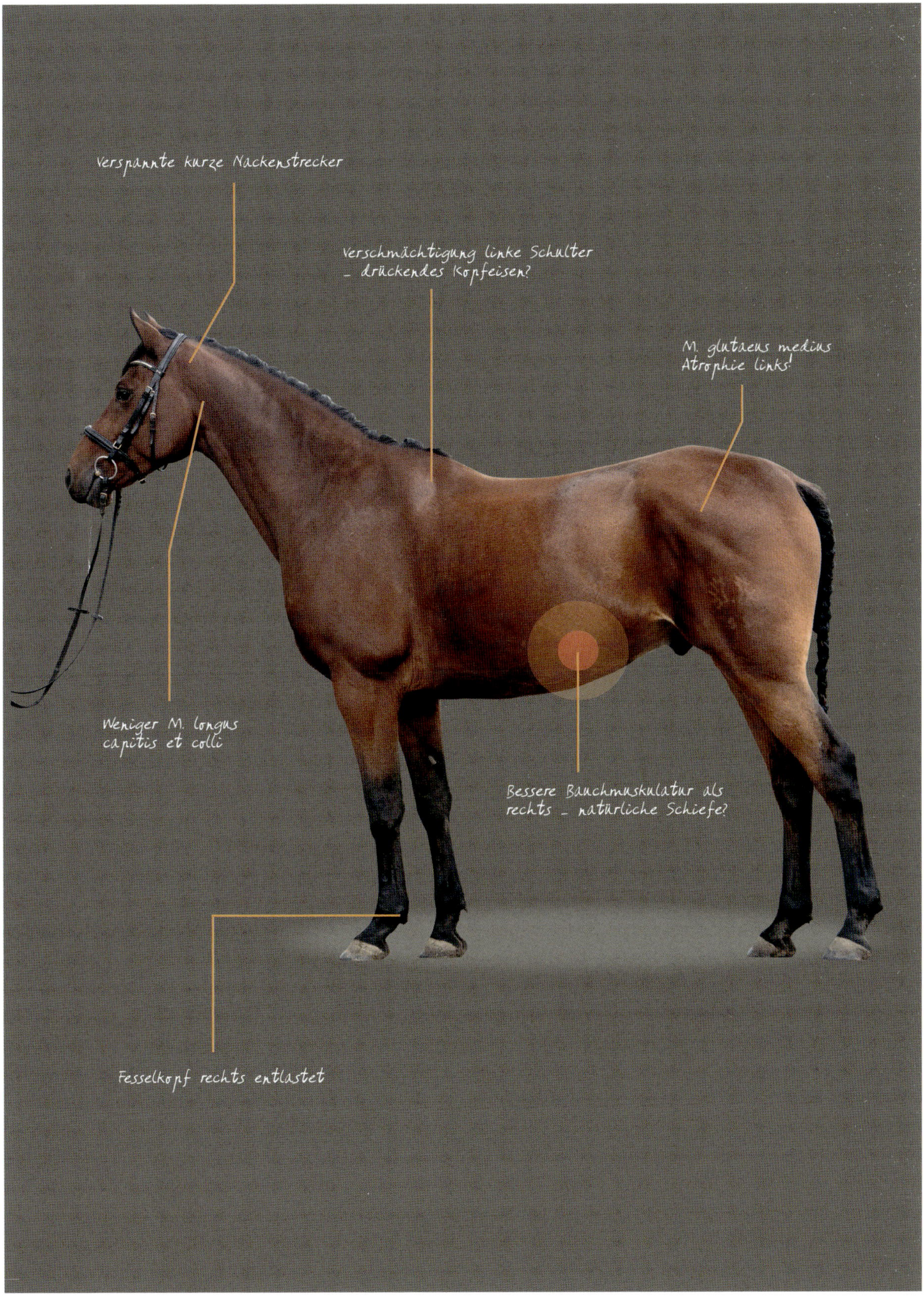
Verspannte kurze Nackenstrecker
Verschmächtigung linke Schulter – drückendes Kopfeisen?
M. glutaeus medius Atrophie links!
Weniger M. longus capitis et colli
Bessere Bauchmuskulatur als rechts – natürliche Schiefe?
Fesselkopf rechts entlastet

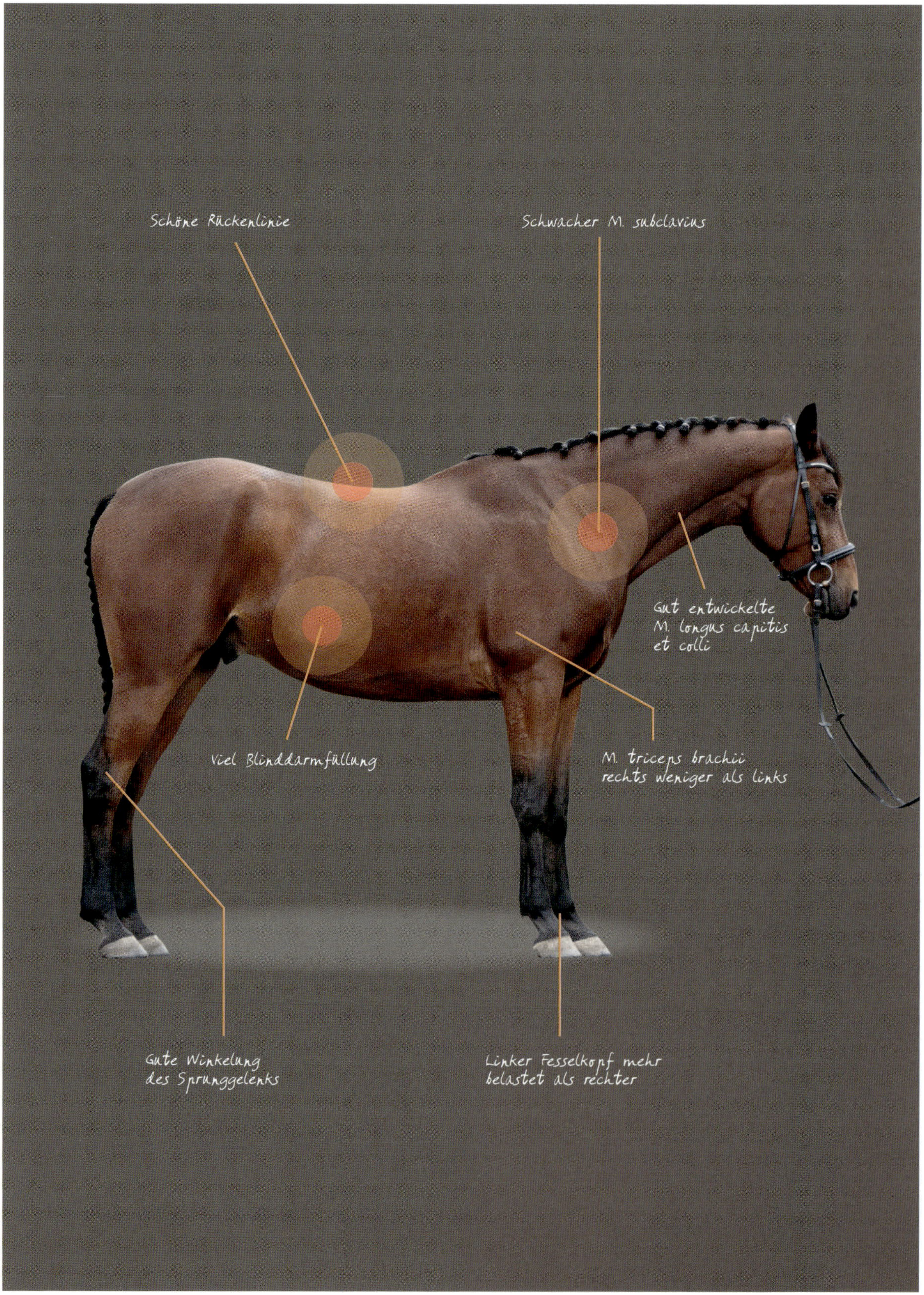
Schöne Rückenlinie
Schwacher M. subclavius
Gut entwickelte M. longus capitis et colli
Viel Blinddarmfüllung
M. triceps brachii rechts weniger als links
Gute Winkelung des Sprunggelenks
Linker Fesselkopf mehr belastet als rechter

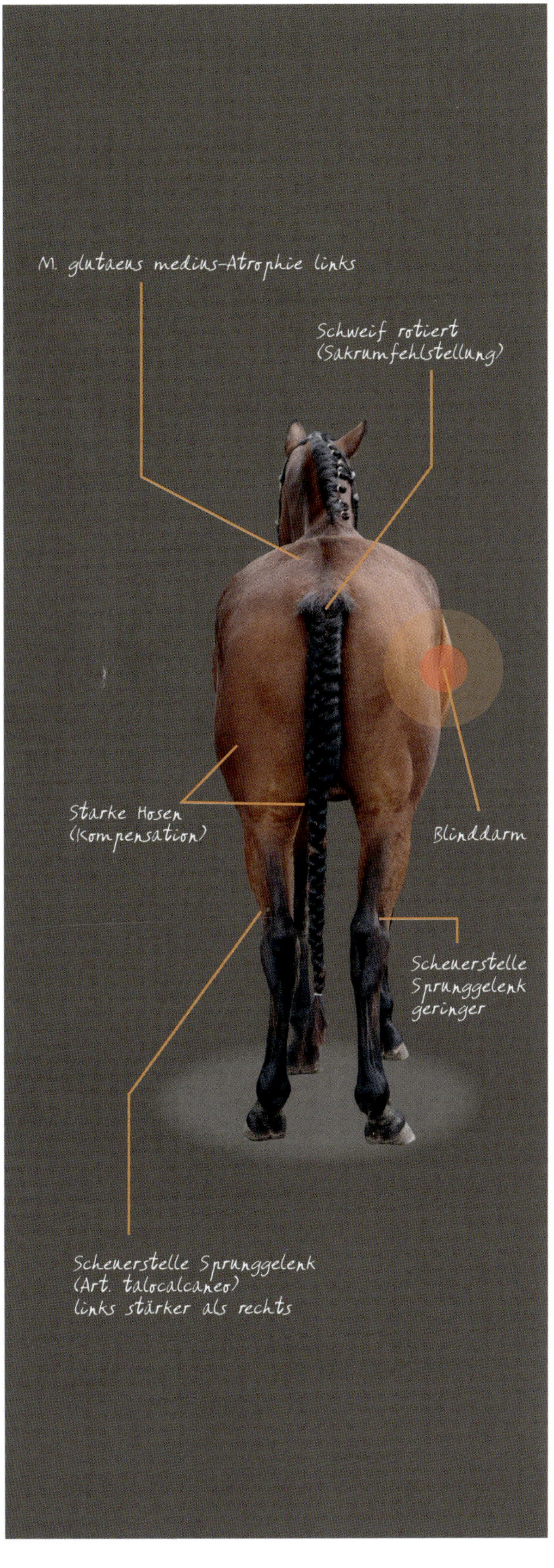

Zusammenfassung

Wunderschönes Pferd mit hervorragendem Exterieur und schöner Rückenlinie. Meilenstein ist allerdings noch nicht geradegerichtet. Die Muskulatur vorn links (*M. extensor carpi radialis*, *M. triceps brachii* und Brustmuskulatur) ist stärker ausgeprägt als die Muskulatur rechts. Möglicherweise geht er links mehr gegen die Hand. Auf dieser Seite sind die kurzen Nackenstrecker verspannt und der *M. longus colli* weniger ausgeprägt.

Größtes Problem: Der *M. glutaeus medius* links muss auftrainiert werden (siehe Trainingskapitel). Die Scheuerstellen am linken Sprunggelenk deuten auf Stress durch Kompression hin, die durch den Zug der Hosenmuskulatur entsteht. Auch die Schulterstabilität ist noch unzureichend.

EXTERIEURANALYSE WÜRTTEMBERGERWALLACH FELIX

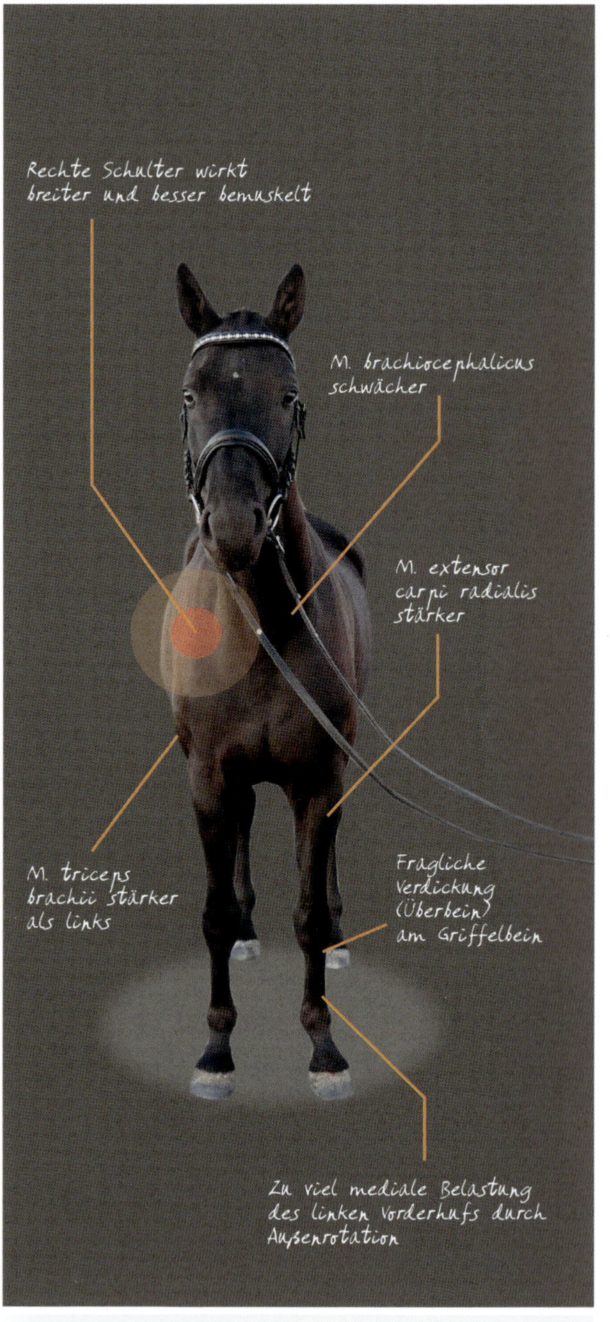

Das sagt die Besitzerin

Felix ist ein neunjähriger Württembergerwallach, der seit zwei Jahren bei mir ist. Wir hatten leider ziemliche Startschwierigkeiten, da die Hornqualität seiner Hufe so schlecht war, dass wir knapp anderthalb Jahre mit einer Barhufumstellung (Hufschuhe, Klebebeschlag etc.) kämpften und somit nicht viel trainieren konnten. Durch seinen Bockhuf vorne links und den zu flachen Huf vorne rechts hatte er Probleme mit seiner Koordination. Durch viel Geduld und geeignete Barhufbearbeitung konnten wir die Hufsituation verbessern. Ich habe Felix mehr oder weniger als eingeritten gekauft, wenn man den Zügel nur minimal veränderte, hatte er sich sofort eingerollt.

Aus diesem Grund und auch durch die Trainingspause haben wir mit ihm nochmal von vorne angefangen und ihn wie ein rohes Jungpferd behandelt. Wir arbeiten nach dem Konzept »Longieren als Dialog« von Katharina Möller und haben jeden zweiten Tag am Kappzaum longiert und sind viel spazieren gegangen. Um ihn nicht wieder in alte Verhaltensmuster zurückfallen zu lassen haben wir ihn nach einigen Monaten Training ohne Zügel an der Longe »eingeritten«. Nach nur fünf Monaten unterm Sattel rollt er sich zu 80 % nicht mehr ein, sondern lässt den Genickwinkel offen, und man kann ihn schön nach vorne reiten. Wir arbeiten momentan an den Basics: Schlangenlinien, Zirkel verkleinern und vergrößern, Schenkelweichen, Tempounterschiede und das alles losgelassen und ohne Stress.

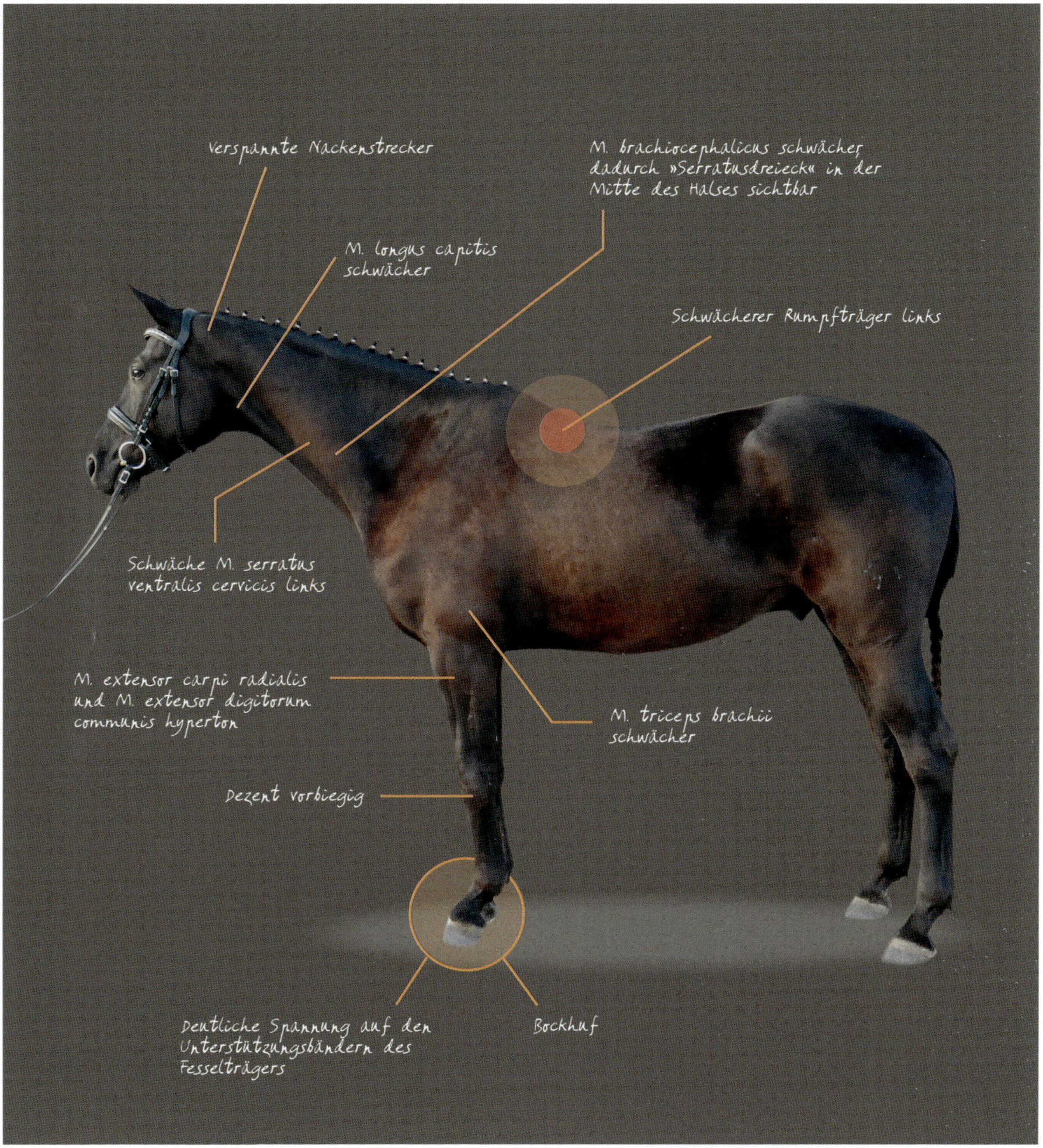

Zusammenfassung: Die unnatürliche Schiefe

Ein sehr schönes Pferd mit gutem Exterieur für einen linearen Typ. Felix' Knackpunkt ist der Bockhuf vorn links.

Die Fußungskurve bei einem flachen und einem steilen Huf ist völlig anders. Eine Bewegungsanalyse wäre sehr sinnvoll, wir fassen hier nur die auf den Fotos erkennbaren Punkte zusammen.

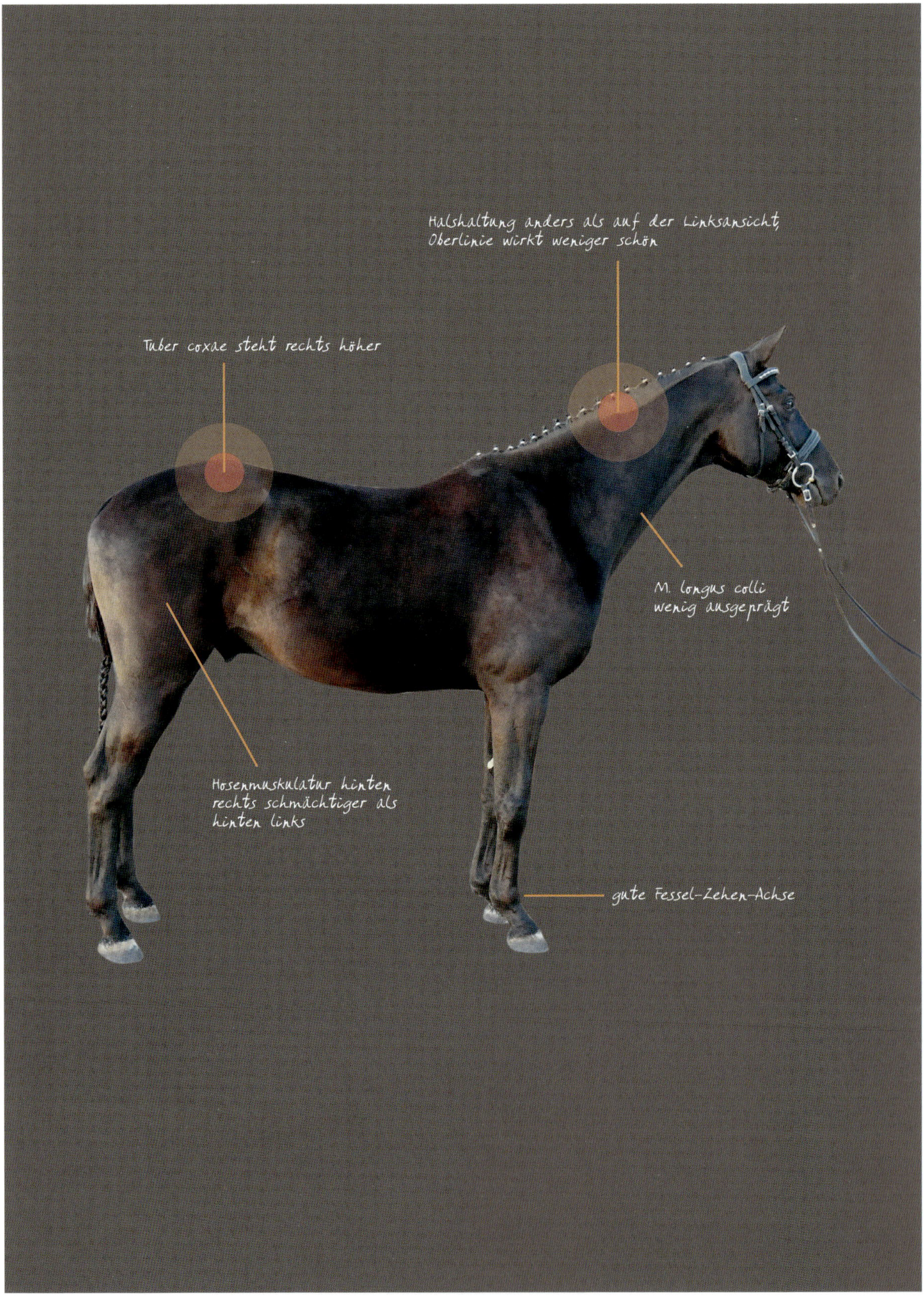
Halshaltung anders als auf der Linksansicht, Oberlinie wirkt weniger schön
Tuber coxae steht rechts höher
M. longus colli wenig ausgeprägt
Hosenmuskulatur hinten rechts schmächtiger als hinten links
gute Fessel-Zehen-Achse

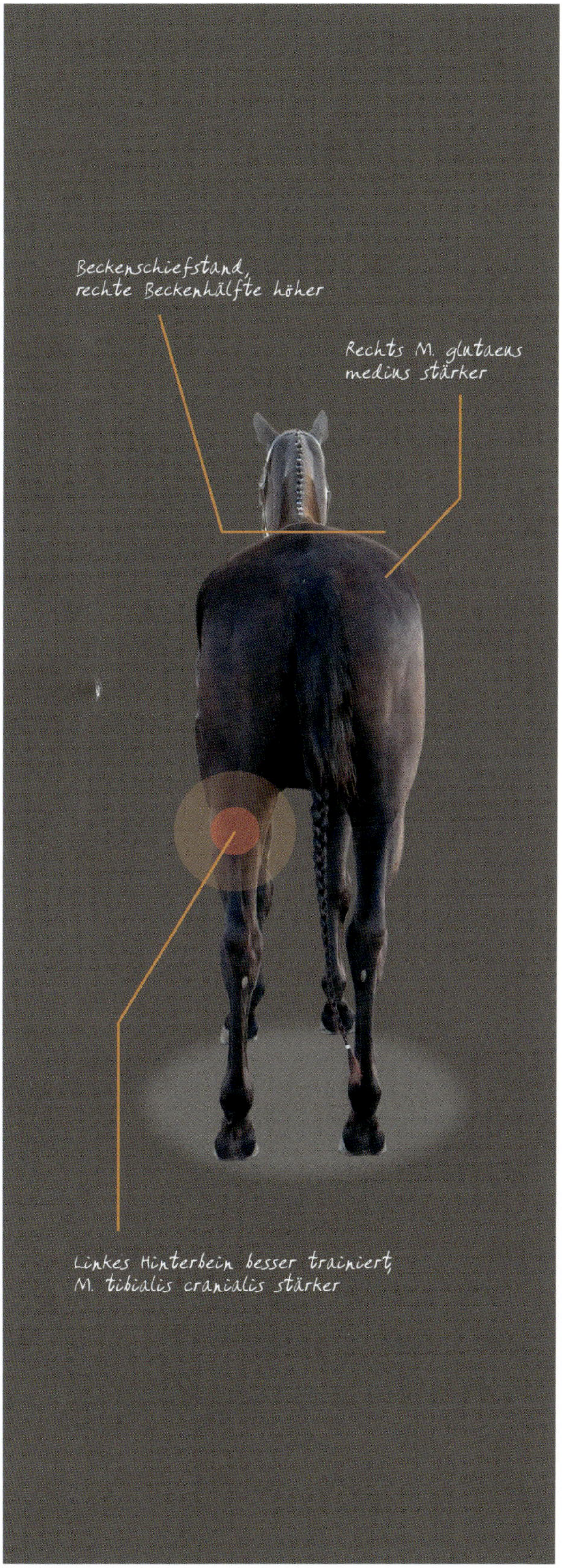

Felix' rechte Schulter ist normal bemuskelt. Links sieht man weniger *M. brachialis*, aber einen ausgeprägten *M. carpi radialis*. Dieser ist über eine sehnige Verbindung *(Lacertus fibrosus)* mit dem *M. biceps brachii* verbunden, man kann also davon ausgehen, dass auch der Biceps stark entwickelt ist. Diese muskulären Änderungen lassen sich durch die Hufform erklären und sind trainingstechnisch kaum veränderbar. Dass Felix' linkes Vorderbein in Abduktion und Außenrotation steht, zeigt, dass er damit nicht so gut arbeiten kann. Im Seitenbild erkennt man eine dezente Vorbiegigkeit links, denn die tiefe Beugesehne neigt bei Bockhufstellung zu Verkürzung. Links kann man erkennen, dass der Rumpfträger weniger gut ausgeprägt ist, Felix diese Seite also schont.

Training: Empfehlenswert ist viel Schrittarbeit auf der rechten Hand in Dehnungshaltung, um den Vorgriff des linken Vorderbeins zu fördern und die Schultermuskulatur aufzutrainieren. Jeden dritten Tag sollte er in Dehnungshaltung im Trab gearbeitet werden, um Sehnen und Fesselträger links zu mobilisieren.

Wichtig: Die Hufbearbeitung muss weiterhin gut gemanagt werden und Felix sollte nicht springen, solange die Vorbiegigkeit vorn links zu sehen ist.

EXTERIEURANALYSE VIV, TINKER PONY

Das sagt die Besitzerin

Viv ist ein Tinker Pony mit 1,26 m Stockmaß. Sie ist zehn Jahre alt, kommt aus Irland und hatte schon mehrere Fohlen. Sie wird bewegt an der Longe, Doppellonge und wird im Schritt und Trab gefahren. Im Galopp ist sie noch sehr unausbalanciert. Wir haben bis jetzt daran gearbeitet, sie gerade zu richten und Muskeln aufzubauen und haben begonnen, sie übertreten zu lassen. Mit Reiten zögere ich noch aufgrund ihrer Hüftstellung. Viv hat Probleme mit Stellung und Biegung, ihre rechte Seite war sehr steif, das ist schon viel besser, aber sie ist noch lange nicht gerade gerichtet. Als nächstes wollte ich mit Langzügel-Arbeit beginnen, um mehr Dressur und Gymnastik machen zu können.

Analyse der Fotos

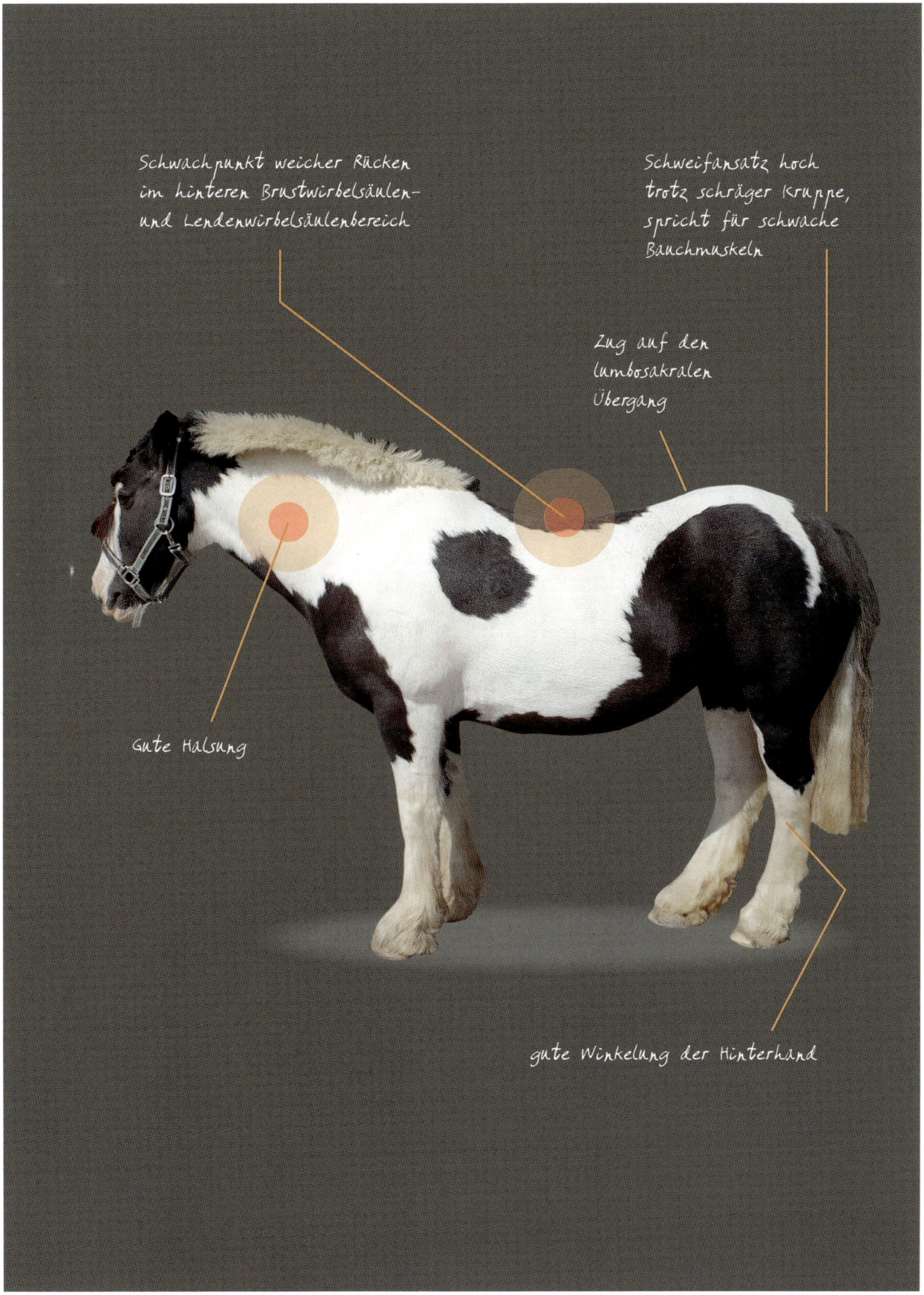
Schwachpunkt weicher Rücken
im hinteren Brustwirbelsäulen-
und Lendenwirbelsäulenbereich
Schweifansatz hoch
trotz schräger Kruppe,
spricht für schwache
Bauchmuskeln
Zug auf den
lumbosakralen
Übergang
Gute Halsung
gute Winkelung der Hinterhand

Verstrichene Kniefalte, Hinweis auf Blinddarmfüllung
Beidseits rückständig mit entsprechender Halsaufrichtung

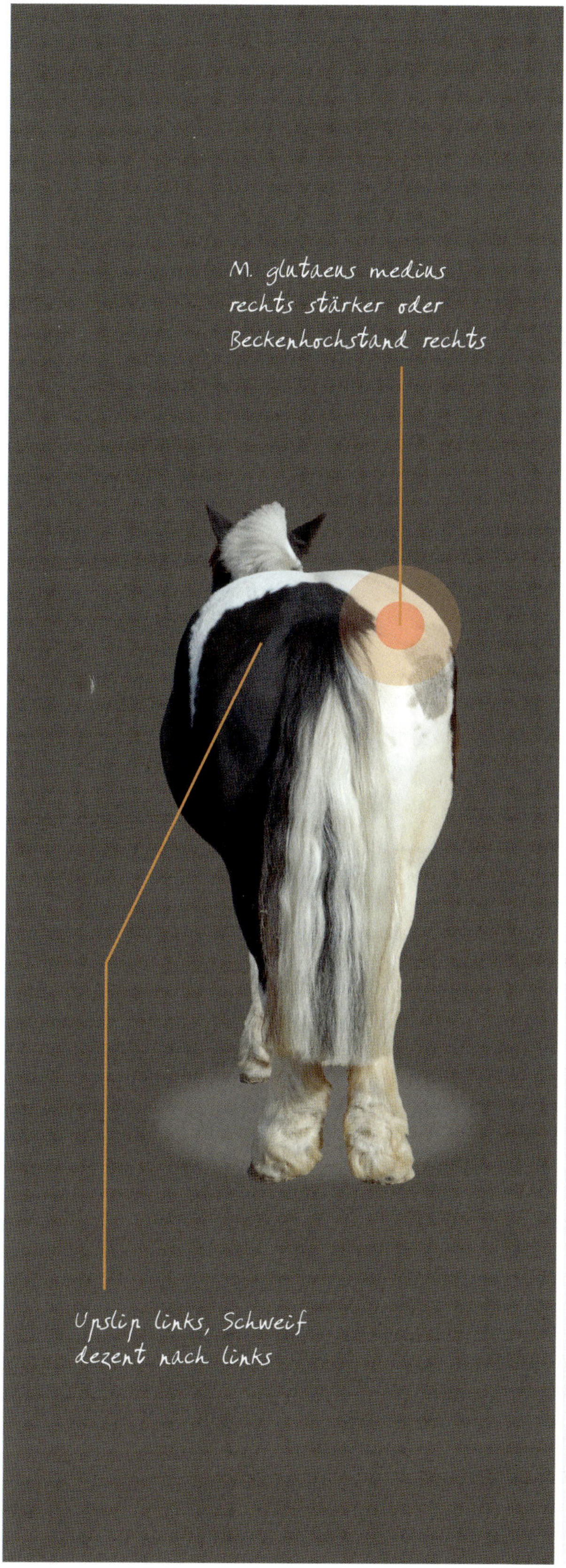

Zusammenfassung

Schönes, rassetypisches Pferd mit ausdrucksvollem Kopf. Das Exterieur ist auf den Fotos nicht optimal zu beurteilen. Die Stute scheint nicht geradegerichtet zu sein, da auf der linken Körperseite (Huf, Kopf) eine Mehrbelastung zu sehen ist. Auch kann man typische Merkmale der natürlichen Schiefe wie den Upslip des linken Beckens oder den Beckenhochstand rechts beobachten. Vivs Schwachpunkt ist ihr Rücken. Er tendiert zum Senkrücken, die Lendenwirbelsäule zieht am lumbosakralen Übergang.

Trainingsempfehlung: Die Bauchmuskeln sollten auftrainiert werden, bis der Rücken stabil und der Schweifansatz harmonisch werden.

Das rechte Hinterbein sollte trainiert werden, damit das linke Vorderbein auf Dauer weniger stark belastet wird.

EXTERIEURANALYSE SPICE, HANNOVERANERWALLACH

Das sagt die Besitzerin

Spice ist fünf Jahre alt, Vater Licosto und Mutter von Diamond Hit. Er hatte periodische Augenentzündung und ist auf beiden Augen operiert: im Tüv steht Vitrektomie beidseitig. Beim Reiten hatte er Taktfehler, das ist aber schon besser geworden. Der behandelnde Tierarzt hat einen Beckenschiefstand diagnostiziert.

Analyse der Fotos

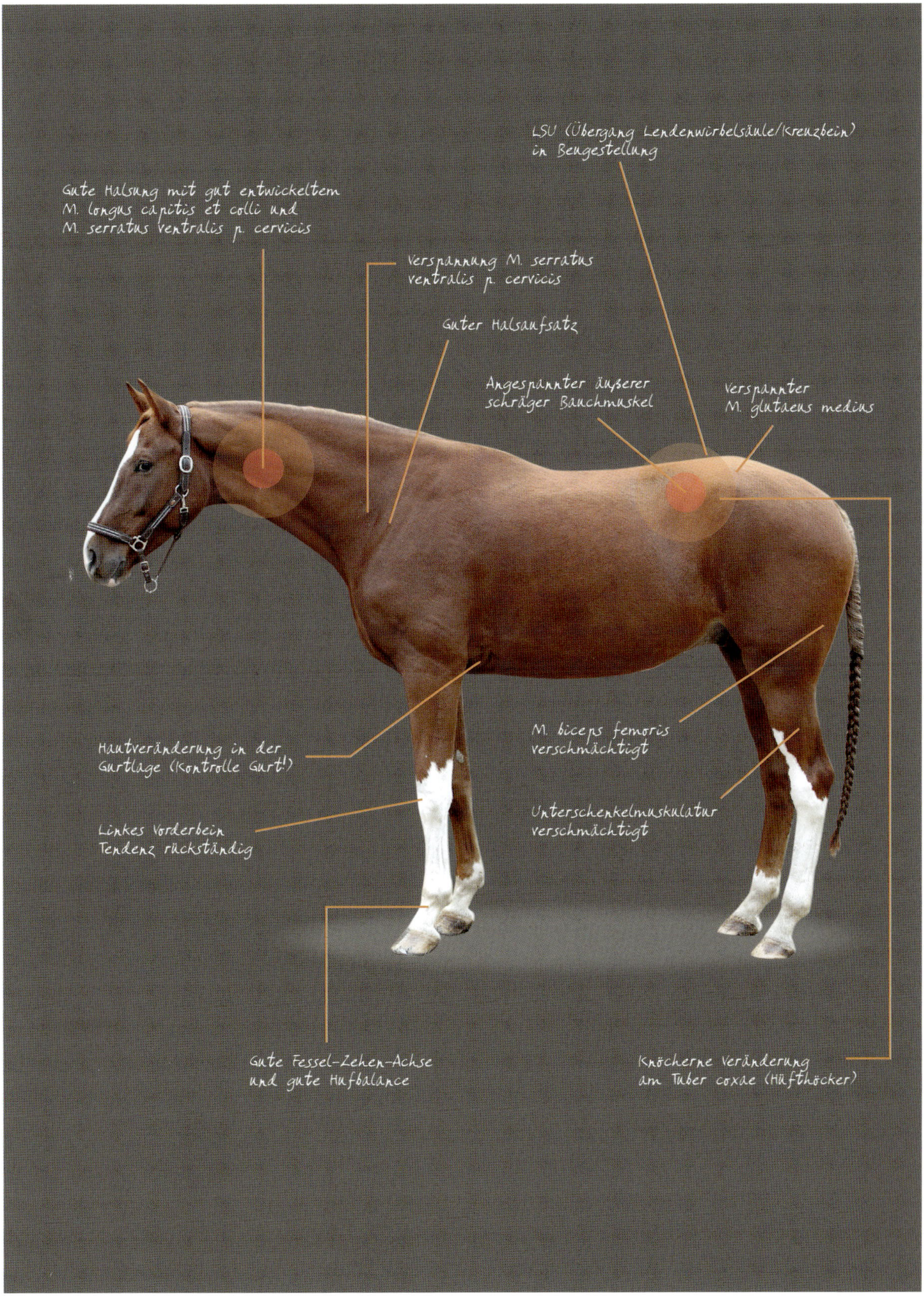
LSU (Übergang Lendenwirbelsäule/Kreuzbein) in Beugestellung
Gute Halsung mit gut entwickeltem M. longus capitis et colli und M. serratus ventralis p. cervicis
Verspannung M. serratus ventralis p. cervicis
Guter Halsaufsatz
Angespannter äußerer schräger Bauchmuskel
Verspannter M. glutaeus medius
Hautveränderung in der Gurtlage (Kontrolle Gurt!)
M. biceps femoris verschmächtigt
Linkes Vorderbein Tendenz rückständig
Unterschenkelmuskulatur verschmächtigt
Gute Fessel-Zehen-Achse und gute Hufbalance
Knöcherne Veränderung am Tuber coxae (Hüfthöcker)

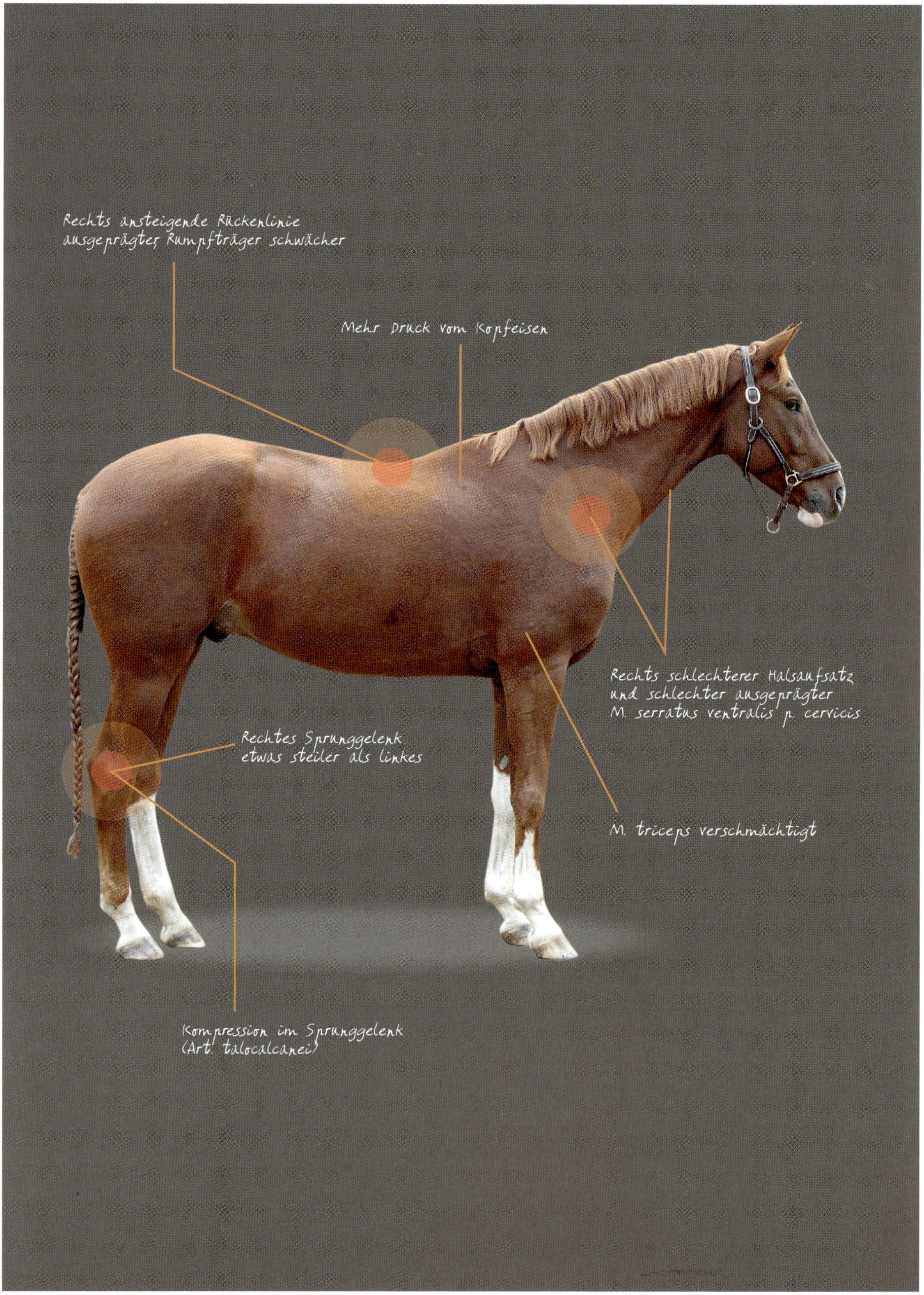
Rechts ansteigende Rückenlinie
ausgeprägter Rumpfträger schwächer
Mehr Druck vom Kopfeisen
Rechts schlechterer Halsaufsatz
und schlechter ausgeprägter
M. serratus ventralis p. cervicis
Rechtes Sprunggelenk
etwas steiler als linkes
M. triceps verschmächtigt
Kompression im Sprunggelenk
(Art. talocalcanei)

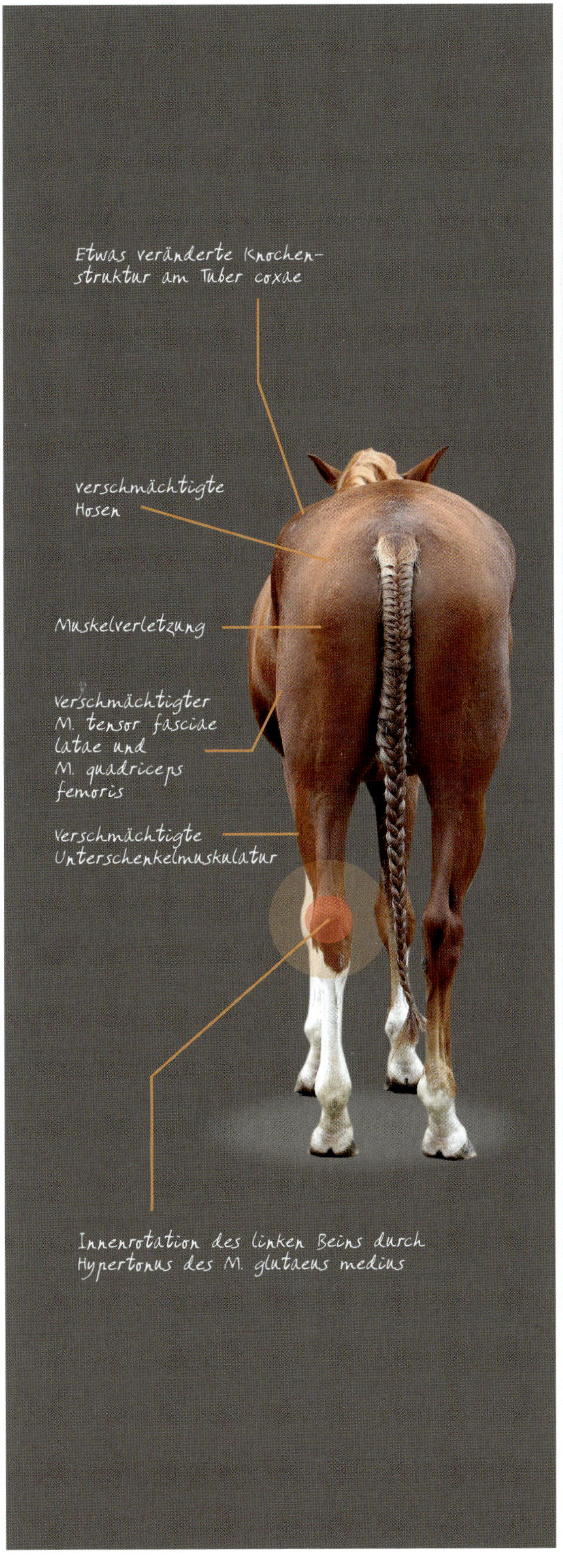

Zusammenfassung

Schön gebautes Pferd. Das Problem ist die linke Hinterhand. Scheinbar hat das Pferd hier eine Verletzung und entsprechend verspannte dort ansetzende Muskeln, besonders der äußere schräge Bauchmuskel ist auffällig verspannt. Das linke Hinterbein ist verschmächtigt, besonders der Unterschenkelmuskel und die Hosenmuskulatur. Der verspannte *M. glutaeus medius* zieht das Bein in die Innenrotation. Das rechte Vorderbein ist deutlich kräftiger als das linke und kompensiert die fehlende Schubentwicklung hinten links. Kontrolliertes Auftrainieren der linken Hinterhand.

Trainingsempfehlung: Damit Spice linkes Hinterbein auftrainiert wird, sollte er fokussiert in Linksbiegung geritten werden. Auch Seitengänge, die das linke Hinterbein kräftigen, müssten auf Dauer helfen, die ungleiche Bemuskelung auszugleichen. Eine Kontrolle des Sattels und Gurtes wird empfohlen.

NACHWORT

VOR DEM FOLGEN WOLLEN STEHT DAS FOLGEN KÖNNEN

»Mein Pferd ist faul«, sagte neulich eine Reiterin fast entschuldigend und zog ihren hübschen Schimmel durch die Stallgasse. Sie war auf dem Weg zum Training – nichts Ehrgeiziges, »nur ein bisschen Freiheitsdressur« (die enge Volten im Galopp einschloss). Mit geschultem Auge war bereits im Schritt zu sehen, dass das Pferd vorn beidseits stützbeinlahm war. Der Wallach war rückständig, beidseits dezent vorbiegig und hatte bereits einen diagnostizierten Schaden an der tiefen Beugesehne vorn links. Auf Rat des Tierarztes hatte die Besitzerin ihr Pferd einige Monate Schritt geführt, dann aber nach ihrer Aussage »normal« weiter trainiert. Als der Wallach nach einigen Tagen deutlich lahmte, wurde der Tierarzt gerufen und stellte fest, dass nun der Fesselträger vorn rechts geschädigt war ...

Solche Geschichten passieren immer wieder. Reiter trainieren nach bestem Wissen und Gewissen und »eines Tages« ist das Pferd verletzt, weil die Frühwarnsignale häufig übersehen werden. Leider lassen sich Pferde leicht verschleißend trainieren. Dabei wiegen sie bis zu einer Tonne und müssten theoretisch nichts tun, worum wir sie bitten. Da sie aber hochsensibel, leistungsbereit und vor allem gutmütig sind, tragen sie auch den nicht so versierten Reiter sicher von A nach B und bemühen sich, unseren Anweisungen Folge zu leisten – auch wenn es ihnen körperlich extrem schwerfällt. Nicht selten reiten und fahren Pferdebesitzer mit unpassendem Equipment oder trainieren ihre Pferde suboptimal bis verschleißend. Das ist leider möglich, weil Pferde sehr hart im Nehmen sind und nicht jeder Reiter Schmerz- und Stresssignale erkennt. Kein Reiter will seinem Pferd Schaden zufügen. Dennoch übersehen wir Warnsignale allzu oft und lasten sie dem Pferd womöglich noch als Charakterfehler an ... Das Pferd aus dem obigen Beispiel wurde als »faul« bezeichnet, obwohl es sich bemühte, trotz starker Schmerzen zu laufen.

Wir würden uns wünschen, dass immer mehr gravierende Probleme verhindert werden können, indem der Reiter der körperlichen Entwicklung seines Pferdes Aufmerksamkeit schenkt. Verändert sich die Rückenlinie negativ, sollte man das Training hinterfragen. Vielleicht reitet man zu viel und zu lange im Schritt und vernachlässigt das Training des Rumpftrageapparats. Verpasst man dann noch den Moment, den Sattel anpassen zu lassen, ergeben sich weitere Probleme.

Oder wir trainieren zu ehrgeizig: Vielleicht ist das Pferd nach dem Springlehrgang intermittierend vorbiegig, weil wir es übertrieben haben oder seine Sprunggelenke wirken plötzlich irgendwie »gestreckter«, weil wir zu ehrgeizig für die Dressurprüfung trainiert haben.

All das kann in der Ausbildung eines Pferdes vorkommen. Wichtig ist dann, negative wie positive Exterieurveränderungen schnell zu erkennen und sofort Schlüsse für das weitere Training zu ziehen.

Pferde sind bereit, alles für uns zu tun – wenn sie können. Wir hoffen, dass wir Ihren Blick dafür schärfen konnten, welche guten oder auch ungünstigen Auswirkungen Reiten, Fahren und Co. auf den Pferdekörper haben und wie Sie beginnende Probleme früh erkennen und verhindern können.

Wir wünschen Ihnen und Ihren Pferden alles Gute.

Barbara Welter-Böller
und *Claudia Weingand*

LITERATUR

Ellendorf, Franz: **Leistungstraining für das Pferd**
Schlütersche Verlagsgesellschaft, Hannover 2010

Hlauscheck, Christine: **Steile Schulter, kurzer Rücken und Co.**
FNVerlag, Warendorf 2014

Möller, Katharina: **Longieren als Dialog mit dem Pferd**
Cadmos Verlag, Schwarzenbek 2017

Nickel, Richard; Schummer, August; Seiferle, Eugen:
Lehrbuch der Anatomie der Haustiere
Paul Parey, Berlin 1961

Schäfer, Michael:
Handbuch Pferdebeurteilung
Franck Kosmos Verlag, Stuttgart 2007

Schleip, Robert:
Lehrbuch Faszien: Grundlagen, Forschung, Behandlung.
Elsevier, Urban & Fischer Verlag, München 2014

van den Berg, Frans:
Angewandte Physiologie Teil 1-3
Georg Thieme Verlag, Stuttgart 2001

Welter-Böller, Barbara; Welter, Maximilian; Weingand, Claudia:
Die 50 häufigsten Irrtümer in der Pferdeausbildung
Cadmos Verlag, Schwarzenbek 2017

Welter-Böller, Barbara, Welter, Maximilian:
Gutes Training schützt das Pferd
Cadmos Verlag, Schwarzenbek 2016

Welter-Böller, Barbara; Welter, Maximilian:
Faszientherapie und Faszientraining für Pferde
Verlag Barbara Welter-Böller, Overath 2015

Unsere Erfolgsreihen
auf einen Blick ...

DIE REITSCHULE (AUSWAHL)
Urte Biallas, **Bodenarbeitskurs**, ISBN 978-3-275-02053-9
Kerstin Diacont, **Dressur für Fortgeschrittene**, ISBN 978-3-275-01749-2
Marlit Hoffmann, **Reiterrallyes – Reiterspiele**, ISBN 978-3-275-01850-5
Petra Dürr/Carola Steen, **Kaltblutpferde reiten**, ISBN 978-3-275-01939-7
Hannelore Leiser, **Voltigieren für Einsteiger**, ISBN 978-3-275-02144-4
Angelika Schmelzer, **Pferde erziehen**, ISBN 978-3-275-01709-6
Angelika Schmelzer, **Reiten im Gelände**, ISBN 978-3-275-01748-5
Sabine Schweickert, **Fahren für Einsteiger**, ISBN 978-3-275-02079-9
Viviane Theby, **So lernen Pferde**, ISBN 978-3-275-02081-2
Jutta Plötz, **Islandpferde**, ISBN 978-3-275-02052-2
Karen Uecker, **Der Reitbegleithund**, ISBN 978-3-275-01969-4
Sigrid Weppelmann, **Basispass Pferdekunde**, ISBN 978-3-275-01750-8

DIE HUNDESCHULE (AUSWAHL)
Alexandra Hoffmann, **Futter gibt's nur von mir**, ISBN 978-3-275-02074-4
Micaela Köppel, **Spiel und Spaß für jeden Tag**, ISBN 978-3-275-01732-4
Petra Krivy/Angelika Lanzerath, **Darf der das?**, ISBN 978-3-275-01835-2
Petra Krivy/Angelika Lanzerath, **Hunde verstehen**, ISBN 978-3-275-02116-1
Petra Krivy/Angelika Lanzerath, **Was ein Welpe lernen muss**, ISBN 978-3-275-01689-1
Petra Krivy/Angelika Lanzerath, **Einfach gut erzogen**, ISBN 978-3-275-02082-9
Uta Reichenbach/Gabriele Lehari, **Sinnvolle Beschäftigung**, ISBN 978-3-275-01929-8
Monika Schaal/Ursula Breuer, **Gastfreundlich**, ISBN 978-3-275-01862-8
Manuela van Schewick, **Apportieren mit Spaß,** ISBN 978-3-275-01754-6
Manuela van Schewick, **Kind trifft Hund,** ISBN 978-3-275-01979-3
Karen Uecker, **Hunde spielend motivieren,** ISBN 978-3-275-01998-4

HAPPY CATS (AUSWAHL)
Sylvia Born, **Katzenkinderstube**, ISBN 978-3-275-01864-2
Gabriele Müller, **Miau – Katzensprache richtig deuten**, ISBN 978-3-275-01782-9
Gabriele Müller, **Katzenspiele**, ISBN 978-3-275-01811-6
Annette Thomée, **Gesunde Katze**, ISBN 978-3-275-01839-0

Jedes Buch mit 96 Seiten
ca. 80 Abb., broschiert
je € 11,95 | €(A) 12,40

Müller Rüschlikon

Weitere interessante Bücher zum Thema

Die Autorinnen erklären, was eine korrekte Dehnungshaltung ausmacht, was dabei im Pferdekörper passiert und welchen Stellenwert sie in der Pferdeausbildung sowie der Trainingslehre hat.

144 Seiten, 99 Bilder, 28 Strichzeichnungen
Format 170 x 240 mm
ISBN 978-3-275-02164-2
€ 19,95 / € (A) 20,60

In diesem Buch wird ausführlich dargestellt, unter welchen Voraussetzungen und warum Biegung nützlich ist, wann sie schadet und wie sie korrekt entwickelt wird.

160 Seiten, 100 Bilder
Format 170 x 240 mm
ISBN 978-3-275-02180-2
€ 19,95 / € (A) 20,60

Susan E. Harris zeigt mit Hilfe aussagestarker Illustrationen, wie Pferde sich bewegen und gibt ihr Wissen zu Themen wie Anatomie und Biomechanik preis. Sie verdeutlicht, wie ein Reiter sein Pferd in seinen Bewegungen beeinflussen kann – im Guten wie im Schlechten.

224 Seiten, 571 Bilder, 21 Strichzeichnungen
Format 230 x 265 mm
ISBN 978-3-275-02030-0
€ 34,90 / € (A) 35,90

Dieses Buch zeigt klare Wege und den sinnvollen Einsatz von Hilfsmitteln wie Tapes, Cavaletti und Co., um Pferden nach einer ausgeheilten Verletzung wieder Freude an der gesunden Bewegung zu vermitteln.

176 Seiten, 100 Bilder
Format 170 x 240 mm
ISBN 978-3-275-02209-0
€ 19,95 / € (A) 20,60

Änderungen in Preis und Lieferfähigkeit vorbehalten.

Überall, wo es Bücher gibt, oder unter
WWW.MUELLER-RUESCHLIKON.DE
Service-Hotline: 0711 / 78 99 21 51